高等职业技术教育"十二五"规划教材——机械工程类

U0296976

金属切削加工基础

JINSHU QIEXUE JIAGONG JICHU

徐桂兰 主编

西南交通大学出版社
Http://press.swjtu.edu.cn

内 容 简 介

本书是根据国家教育部关于高职高专教育基础课程教学基本要求，并根据高职院校近几年教学改革的经验编写而成。

本书内容包括切削加工基础知识、车削加工、钻镗加工、刨削加工、插削加工、拉削加工、铣削加工、磨削加工、齿形加工与螺纹加工、机械加工工艺过程、现代机械制造技术简介等，各章后面附有一定量的习题。

本书可供高等职业院校热加工类、近机类各专业使用，也可供高等职业院校机械类学员及有关人员参考。

图书在版编目（C I P）数据

金属切削加工基础 / 徐桂兰主编. —成都：西南交通大学出版社，2011.7（2018.7 重印）
高等职业技术教育"十二五"规划教材. 机械工程类
ISBN 978-7-5643-1199-5

Ⅰ. ①金… Ⅱ. ①徐… Ⅲ. ①金属切削－加工工艺－高等职业教育－教材 Ⅳ. ①TG506

中国版本图书馆 CIP 数据核字（2011）第 098747 号

高等职业技术教育"十二五"规划教材——机械工程类

金属切削加工基础

徐桂兰　主编

*

责任编辑　李芳芳
特邀编辑　蒋冬清
封面设计　何东琳设计工作室
西南交通大学出版社出版发行
四川省成都市二环路北一段 111 号西南交通大学创新大厦 21 楼
邮政编码：610031　发行部电话：028-87600564
http://www.xnjdcbs.com
成都中永印务有限责任公司印刷

*

成品尺寸：185 mm×260 mm　　印张：10.125
字数：255 千字
2011 年 7 月第 1 版　　2018 年 7 月第 2 次印刷
ISBN 978-7-5643-1199-5
定价：27.00 元

前　言

生产过程是将原材料转变为成品或半成品的过程。它包含了材料、毛坯、零件、产品装配等一系列制造过程。在机械制造过程中，直接改变生产对象的形状、尺寸、相对位置和性质等的过程称为工艺过程，如铸造、锻压、焊接、切削加工、热处理等。机械零、部件常规的生产过程为：设计→选材→毛坯生产→热处理→切削加工→最终热处理→装配→检验→（合格）包装→入库。

金属切削加工是研究各种切削加工方法的特点及应用、加工工艺过程和结构工艺性的一门学科。它为工科类各专业提供了必要的基础知识，是高等职业学校工科类各专业必修的一门综合性技术基础课。

我国在金属材料及加工制造方面有着辉煌历史。尤其是改革开放以来，我国的加工制造业得到迅速发展。金属材料、复合材料、非金属材料，在机械制造工程中发挥着越来越重要的作用，机械制造工业为航空航天、石油化工、汽车制造、机车船舶、电子电力、轻纺食品、农牧机械等各行各业提供高科技含量的技术装备。机械制造的新材料、新工艺、新技术不断涌现，传统的机械制造工艺过程发生了变化。一方面以提高加工效率、加工精度为特点向纵深方向发展，如特种加工、新型表面技术、微型机械、快速激光造型技术、超高速切削和磨削等；另一方面从机械制造与设计一体化、机械制造与管理一体化向综合方向发展，如计算机辅助设计（CAD）、计算机辅助制造（CAM）、智能制造技术（IMI）、工业工程（IE）等。

金属切削加工基础是一门实践性很强的技术基础课。通过本课的学习，使学生获得金属切削加工工艺的基本知识。初步具有合理选择机械零件生产方法、培养工艺实践的能力，为学习其他有关课程和将来从事生产技术工作、企业管理工作打下必要的基础。

为保证教学顺利进行，在学习本教材之前必须进行金工教学实习。通过教学实习，使学生获得加工制造（如铸造、锻压、焊接、热处理和金属切削加工）的感性知识，熟悉金属材料的主要加工方法和加工工艺、所用设备及工具的使用，掌握一定的操作技能，了解零件和毛坯的加工工艺过程。

本书与工程材料及热加工基础构成金属工艺学系列教材。

本教材为高等职业教育培养目标服务，以培养具有机械加工工艺基础知识、掌握概念、强化应用为教学的重点，以必须、够用为度，培养生产第一线的技术应用型人才。在编写和教学过程中遵循基础理论教学以应用为目的，在介绍传统工艺方法的同时，注重新方法、新技术、新工艺及发展趋势的介绍，力求使教材清晰、突出重点，删减了偏难的理论知识。

本书名称、术语、符号均采用了国家最新标准和法定计量单位。

参加本书编写的有陕西工业职业技术学院徐桂兰（前言、第二章、第六章、第八章和第九章第一节）、王博（第三章、第四章）、李晓鹏（第一章、第五章、第七章和第九章二至六节）。本书由徐桂兰担任主编，负责统稿，焦小明担任主审。

由于编者水平有限，书中难免存在疏漏之处，恳请广大读者批评指正。

编　者
2011 年 3 月

目 录

第一章　金属切削加工的基础知识

　　金属切削加工是用切削刀具或磨具从工件上切去多余的金属材料，从而使工件的几何形状、尺寸精度和表面质量达到预定要求的加工方法。金属切削加工过程是工件和刀具相互作用的过程。

　　金属切削加工的形式虽然很多，但它们在很多方面如切削时的运动、切削工具以及切削过程中的物理现象等，都有着共同的规律。掌握这些规律是学习各种切削加工方法的基础，同时，对于如何正确地进行切削加工，以保证加工质量、提高生产率和降低生产成本，具有重要意义。

第一节　切削运动与切削要素

一、零件表面的形成

　　任何一个零件都是由许多表面组成的。对机械零件的切削加工主要是指对其表面的加工。

　　从几何学观点来看，机械零件上每个表面都可以看做是一条母线沿一条导线运动的轨迹，如图 1.1 所示。圆柱面、圆锥面、平面和成形面等是零件的主要组成表面。圆柱面可以看做是直线母线沿圆导线运动的轨迹；圆锥面可以看做是斜直线母线（与圆导线轴线斜交呈一定

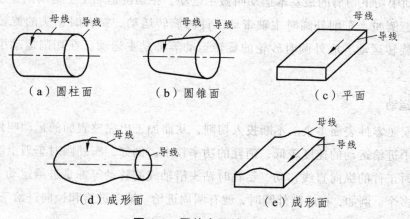

（a）圆柱面　　　　　（b）圆锥面　　　　　（c）平面

（d）成形面　　　　　　　　　（e）成形面

图 1.1　零件表面的形成

角度）沿圆导线运动的轨迹；平面可以看做是直线母线沿直线导线运动的轨迹；成形面可以看做是曲线母线沿圆导线或直导线运动的轨迹。根据以上原理，切削加工时，零件上的实际表面就是通过刀具与工件之间的相互作用和相对运动形成的。

二、切削运动

切削加工时，刀具与工件之间的相对运动称为切削运动。如图 1.2 所示，切削运动分为主运动和进给运动。

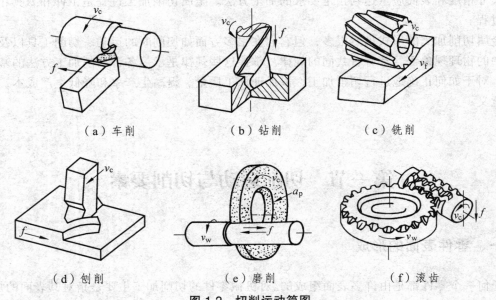

（a）车削　　　　　　　（b）钻削　　　　　　　（c）铣削

（d）刨削　　　　　　　（e）磨削　　　　　　　（f）滚齿

图 1.2　切削运动简图

1. 主运动

切削运动中切下切屑的最基本运动叫做主运动。在切削运动中主运动的速度最高，消耗的功率最多。例如，车削外圆时主轴带动工件的旋转运动、钻孔时钻头的旋转运动、铣平面时铣刀的旋转运动、磨外圆时砂轮的旋转运动等都是主运动。在切削运动中主运动有且只有一个。

2. 进给运动

使金属层（零件表面多余）不断投入切削，从而加工出完整表面的运动叫做进给运动。在切削运动中进给运动的速度较低，消耗的功率较小。例如，车外圆时车刀沿纵向的直线运动、铣平面时工件的纵向直线移动、钻孔时钻头沿轴线的移动等都是进给运动。进给运动可以有一个或多个。例如，在磨削外圆时，就有圆周进给、轴向进给和径向进给三个进给运动。

三、切削要素

1. 切削用量要素

在金属切削加工过程中，工件上形成三种表面：① 已加工表面，是工件表面上切去一层金属后所形成的新表面；② 待加工表面，是工件上尚未切除金属层的表面；③ 过渡表面，是工件上正在被切削刃切削的表面，如图 1.3 所示。切削用量要素是切削加工中的切削速度、进给量和背吃刀量的总称。

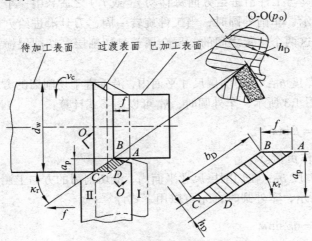

图 1.3　外圆车削运动要素

（1）切削速度 v_c。

切削速度是指刀具切削刃上选定点相对于待加工表面在主运动方向上的线速度，单位为 m/s。当主运动为旋转运动时（如车外圆），切削速度可以用下式计算：

$$v_c = \frac{\pi d_{max} n}{1\,000 \times 60}$$

式中　v_c——切削速度（m/s）；

　　　d_{max}——工件待加工表面或刀具的最大直径（mm）；

　　　n——工件或刀具的旋转速度（r/min）。

（2）进给量 f。

进给量是主运动完成一个运动循环，工件和刀具在进给运动方向上的相对位移量。例如，外圆车削时的进给量 f 是工件每旋转一转时车刀相对于工件在进给运动方向上的位移量，其单位为 mm/r；又如，在牛头刨床上刨削平面时，进给量 f 是刨刀每往复一次，工件在进给运动方向上相对于刨刀的位移量，单位为 mm/往复行程。对于多刃刀具（如铣、铰、拉等），也可用每齿进给量 f_z 表示；在切削加工中，也有用进给运动速度 v_f 来表示进给运动的。所谓进给速度 v_f 是单位时间内工件与刀具在进给运动方向上的相对位移，单位为 mm/s 或 mm/min。

（3）背吃刀量 a_p。

背吃刀量是指工件已加工表面至待加工表面间的垂直距离，单位为 mm。a_p 的大小直接影响主切削刃的工作长度，反映了切削负荷的大小。车削外圆的背吃刀量可以用下式计算：

$$a_p = \frac{d_w - d_m}{2}$$

式中 a_p——背吃刀量（mm）；

      d_w——已加工表面直径（mm）；

      d_m——待加工表面直径（mm）。

2. 切削层要素

切削加工中，刀具与工件沿进给方向每移动 f（或 f_z）之后，由一个刀齿切除的金属层叫切削层。如图 1.3 所示，车削外圆时，当工件旋转一周，刀具沿进给方向从实线位置移动到双点画线位置，处于这两个位置之间的一层金属就是切削层。切削层横剖面几何参数称为切削层要素。

（1）切削层公称厚度 h_D：在切削层尺寸平面内，沿垂直于切削刃的方向上测得的切削层尺寸，单位为 mm。如图 1.3 所示，车外圆时，h_D 可以用下式计算：

$$h_D = f\sin\kappa_r$$

它代表了切削刃的工作负荷。

（2）切削层公称宽度 b_D：在切削层尺寸平面内，沿切削刃的方向上测得的切削层尺寸，单位为 mm。如图 1.3 所示，车外圆时，b_D 可以用下式计算：

$$b_D = a_p/\sin\kappa_r$$

切削宽度等于切削刃的工作长度。

（3）切削层公称横截面面积 A_D：切削层尺寸平面的实际面积，单位为 mm^2。如图 1.3 所示，车外圆时，A_D 可以用下式计算：

$$A_D = h_D \cdot b_D = fa_p$$

第二节　金属切削刀具

一、刀具的材料

在金属切削加工中，刀具材料通常是指刀具切削部分的材料。正确选择刀具材料是设计和选用刀具的重要内容。

1. 刀具材料应具备的性能

刀具在工作时要承受很大的压力、较高的切削温度及剧烈的摩擦。在切削余量不均匀或断续切削时，刀具还受到冲击和振动，因此刀具材料必须满足以下要求：

（1）高的硬度。刀具要从工件上切除多余的金属，其硬度必须大于被切材料的硬度。一般常温下硬度必须在 60 HRC 以上。

（2）好的耐磨性。刀具在切削时承受着剧烈的摩擦，因此应有较好的耐磨性。它是材料强度、硬度和组织结构等因素的综合反映。一般情况下，硬度越高，耐磨性越好。

（3）足够的强度和韧性。它是刀具材料承受切削力而不变形，承受冲击载荷或振动而不断裂及崩刃的能力。

（4）高的热硬性。热硬性表示材料在高温下保持硬度、耐磨性、强度和韧性的能力。刀具材料的热硬性越高，则允许的切削速度也越高，抵抗切削刃产生塑性变形的能力也越强。

（5）良好的工艺性。刀具材料具有良好的可加工性能，包括锻、轧、焊接、切削加工、热处理和可磨削性能等。

2. 常用刀具材料的种类与应用

常用刀具材料的种类有工具钢、硬质合金、陶瓷、超硬材料四大类。

（1）碳素工具钢。常用牌号主要有 T10A 和 T12A。这类钢经淬火后硬度为 61～65 HRC，但热硬性差，在 200 ℃～250 ℃ 切削即失去原有的硬度，淬火后易变形和开裂。它常用于制作低速（小于 8 m/min）、简单的手工工具，如锉刀、刮刀、丝锥及板牙等。

（2）合金工具钢。常用牌号有 9SiCr、CrWMn 等。淬火后硬度为 61～65 HRC。材料的热硬性温度为 300 ℃～350 ℃，减少了热处理时的变形，淬透性较好。该材料多用于制造丝锥、板牙和机用绞刀等形状复杂、切削速度不高（小于 10 m/min）的刀具。

（3）高速工具钢。常用的牌号有 W18Cr4V、W6M5C4V2 等。淬火后硬度可达 62～67 HRC。具有较高的抗弯强度和冲击韧性，在 550 ℃～600 ℃ 仍能保持其切削性能，具有热处理变形小、可锻造、易刃磨得到锋利刃口、切削速度较高、工艺性好等优点，特别适合制作形状复杂的刀具，如钻头、丝锥、铣刀、拉刀和齿轮刀具等，允许的切削速度较高（<30 m/min）。

（4）硬质合金。硬度为 89～93 HRA（相当于 74～82 HRC），有高的热硬性（在 800 ℃～1 000 ℃ 时仍能进行切削），允许切削速度为 100～300 m/min。但抗弯强度、冲击韧性和工艺性比高速工具钢差。硬质合金一般制成各种形式的刀片，焊接或机夹在刀体上使用，很少制成整体刀具。硬质合金按其被加工材料分为 6 个类型，分别用字母 P、M、K、N、S、H 后加一组数字表示，相应识别颜色分别为蓝、黄、红、绿、褐、灰。其中最常用的是 P、M、K 三个类型：

P 类硬质合金——适于加工长切屑的钢铁材料，以蓝色作标志。

M 类硬质合金——适于加工长切屑或短切屑的钢铁材料以及有色金属材料，以黄色作标志。

K 类硬质合金——适于加工长切屑的钢铁材料、有色金属及非金属材料，以红色作标志。

切削加工常用硬质合金的应用范围如表 1.1 所示。

每一类别中，数值越大，耐磨性越低（切削速度要低），而韧性越高（进给量可大）。

（5）陶瓷。一般是指以氧化铝为基体、加入微量添加剂或添加某些高硬度、难熔化合物经冷压烧结或热压而成的陶瓷材料。常用的有 Al_2O_3 陶瓷、Al_2O_3-TiC 等。硬度可达 93～94 HRA，耐热温度高达 1 200 ℃～1 450 ℃；化学稳定性好，与金属亲和力小，抗黏结和抗扩散能力好；具有较低的摩擦系数，加工表面的粗糙度较小。但陶瓷的抗弯强度低，冲击韧性差。它主要用于淬火钢等高硬度材料连续切削的精加工和半精加工。

表 1.1　切削加工常用硬质合金的应用范围

代号	牌号	被加工材料	适应的加工条件
P01	YT30	钢、铸钢	高切削速度、小切削截面、无振动条件下的精车、精镗
P10	YT15	钢、铸钢	高切削速度、中等或小切削截面条件下的车削、仿行车削、车螺纹、铣削
P20	YT14	钢、铸钢、长切屑可锻铸铁	中等切削速度和中等切削截面条件下的车削和铣削、小切屑截面的刨削
P30	YT5	钢、铸钢、长切屑可锻铸铁	中等或低切削速度、中等或大切削截面条件下的车削、铣削、刨削和不利条件下的加工
P40		钢、含砂眼和气孔的铸件	低切削速度、大切削角、大切削截面及不利条件下的车削、刨削、切槽和自动机床上的加工
P50		钢、含砂眼和气孔的铸件、低强度钢铸件	用于要求硬质合金有较高韧性的工序；在低切削速度、大切削角、大切削截面及不利条件下的车削、刨削、切槽和自动机床上的加工
M10	YM1	钢、铸钢、锰钢、灰铸铁、合金铸铁	中或高速切削、小或中等切削截面条件下的车削
M20	YW2	钢、铸钢、奥氏体钢、锰钢、灰铸铁	中等切削速度、中等切削截面条件下的车削、铣削
M30		钢、铸钢、奥氏体钢、锰钢、灰铸铁、耐高温合金	中等切削速度、中等或大切削截面条件下的车削、铣削、刨削
M40		低碳易切削钢、低强度钢、有色金属、轻合金	车削、切断、特别适于自动机床上的加工
K01	YG3X	特硬灰铸铁、肖氏硬度大于85的冷硬铸铁、高硅铝合金、淬硬钢、高耐磨塑料、硬纸板、陶瓷	车削、精车、镗削、铣削、刮削
K10	YG6X YG6A	布氏硬度高于220的灰铸铁、短切屑的可锻铸铁、淬硬钢、硅铝合金、铜合金、塑料、玻璃、硬橡胶、硬纸板、陶瓷、石料	车削、刨削、钻削、镗削、拉削、刮削
K20	YG6 YG8N	布氏硬度低于220的灰铸铁、有色金属、铜、黄铜、铝	用于要求硬质合金有高韧性的车削、铣削、刨削、镗削、拉削
K30	YG8N YG8	低硬度灰铸铁、低强度钢、压缩木料	用于在不利条件下可能采用大切削角的车削、铣削、刨削、切槽加工
K40		软木或硬木、有色金属	用于在不利条件下可能采用大切削角的车削、铣削、刨削、切槽加工

（6）人造金刚石。它是在高温高压气氛和其他条件配合下由石墨转化而成的。人造金刚石硬度极高，接近于 10 000 HV（硬质合金仅为 1 000～2 000 HV）。它可用于加工硬度高的硬质合金、陶瓷以及其他高硬度、高耐磨材料，也可胜任对有色金属及其合金的加工。但它不适合加工铁族材料，因为金刚石中的碳原子和铁原子有很强的亲和力，在高温下铁原子容易与碳原子作用而使其转化为石墨结构。金刚石主要用于磨具和磨料。

（7）立方氮化硼。立方氮化硼硬度为 7 300～9 000 HV，耐磨性好，耐热性好（1 500 ℃），与铁的亲和力小，主要用于加工淬火钢、冷硬铸铁、高温合金等。

二、刀具角度

刀具的种类很多，但它们的切削部分在几何上有很多共性，不论刀具构造如何复杂，它们的切削部分总是以外圆车刀切削部分为基本形态的。各种类型的刀具都可以看做是普通外圆车刀演变而成的。这里以普通外圆车刀切削部分为例，分析刀具的几何角度。

1. 刀具结构

如图 1.4 所示，车刀由切削部分和刀杆组成。切削部分由前刀面、主后刀面、副后刀面、主切削刃、副切削刃和刀尖组成，简称一尖、两刃、三面。

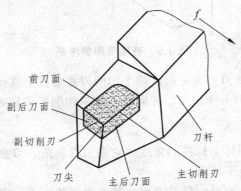

图 1.4　外圆车刀的组成

前刀面：切屑沿着刀具流出时所经过的刀面。前刀面常倾斜成一定的角度，以适应各种条件下切削工作的需要。

主后刀面：与工件的加工表面相对的刀面。主后刀面也常倾斜成一定角度，以减少与工件加工表面之间的摩擦。

副后刀面：与工件的已加工表面相对的刀面。副后刀面也常倾斜成一定角度，以减少与工件已加工表面之间的摩擦。

主切削刃：前刀面与主后刀面相汇交的边缘。它不是一条几何线，而是具有一定刃口圆弧半径的刀刃。它担负主要的切削工作。

副切削刃：前刀面与副后刀面相汇交的边缘。它担负少量的切削工作。

刀尖：主切削刃与副切削刃相汇交形成的。它不是一个几何点，而是一小段具有一定圆弧半径的直线段或圆弧切削刃。

2. 辅助平面

为确定刀具和切削刃的空间位置，首先要建立由基面、切削平面和正交平面三个相互垂直的辅助平面组成的刀具标注角度参考系（即正交平面参考系），如图 1.5 所示。以此参考系为基准，用角度值来反映各刀面和切削刃的空间位置。

基面 P_r：通过切削刃上选定点，垂直于该点主运动方向的平面，用 P_r 表示。一般来说，基面应平行或垂直于刀具上便于制造、刃磨和测量的某一安装定位平面或轴线。例如，普通车刀、刨刀的基面平行于刀具底面；钻头、铣刀和丝锥等旋转类刀具，其基面是刀具的轴向剖面。

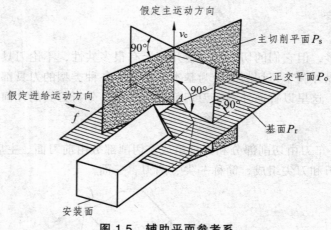

图 1.5　辅助平面参考系

主切削平面 P_s：过切削刃上选定点，切于切削刃并垂直于该点基面的平面，用 P_s 表示。

正交平面 P_o：过切削刃上选定点，并同时垂直于切削平面和基面的平面，用 P_o 表示。

3. 刀具的标注角度

标注角度是指在刀具图样上标注的角度。它是刀具制造、刃磨时的依据。车刀的主要标注角度有 5 个，如图 1.6（a）所示。

前角 γ_0：在正交平面中测量，是前刀面与基面之间的夹角。它表示前刀面的倾斜程度。前角可为正值、负值或零。当主切削刃在前刀面的倾斜表面上处于最高处时，前角为正值；当主切削刃在前刀面的倾斜表面上处于最低处时，前角为负值；当前刀面与基面平行时，前角为零，如图 1.6（b）所示。

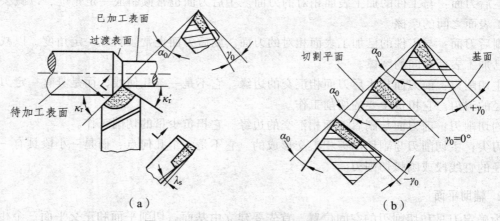

图 1.6　刀具的标注角度与前角的正负

后角 α_0：在正交平面中测量，是主后刀面与主切削平面之间的夹角。合适的后角可减少加工表面与主后刀面之间的摩擦，还可减少主后刀面的磨损。后角只能是正值。

主偏角 κ_r：在基面中测量，是主切削刃在基面上投影与进给运动方向之间的角度。在背吃刀量与进给量不变的情况下，改变主偏角的大小，可改变切削刃参加切削的工作长度，并使切削厚度和切削宽度发生变化。主偏角一般为正值。

副偏角 κ_r'：在基面中测量，是副切削刃在基面上投影与进给运动反方向之间的角度。副偏角影响已加工表面粗糙度和刀头强度。

刃倾角 λ_s：在主切削平面中测量，是主切削刃与基面之间的夹角。其主要作用是影响刀尖强度和控制切屑排出方向。λ_s 可为正值、负值或零，如图 1.7 所示：当刀尖处于主切削刃上最高点时，λ_s 为正；当刀尖处于主切削刃上最低点时，λ_s 为负；若主切削刃与基面平行时，λ_s 为零。

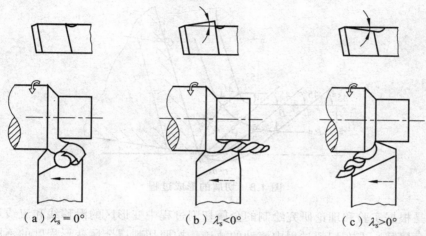

（a）$\lambda_s = 0°$　　　　（b）$\lambda_s < 0°$　　　　（c）$\lambda_s > 0°$

图 1.7　刃倾角正负及其影响

上述标注角度是在车刀刀尖与工件回转轴线等高、刀杆纵向轴线垂直于进给方向，以及不考虑进给运动的影响等条件下确定的。

第三节　金属切削过程及其物理现象

金属切削过程就是用刀具切除多余金属，形成切屑和已加工表面的过程。其实质是材料受到刀具前刀面挤压后，产生弹性变形、塑性变形和剪切滑移，进而使切削层和工件母体分离的过程。

在金属切削过程中伴随着切削热、积屑瘤、加工表面硬化、刀具磨损等物理现象。学习这些规律有利于合理使用机床，分析解决切削加工中的质量、效率等问题。

一、切屑的形成及种类

1. 切屑的形成过程

切削时刀具以一定的相对运动速度挤压切削层，使之产生变形、剪切滑移，成为切屑，如图 1.8 所示。切削层中某一点 P 以切削速度 v 向切削刃接近，开始只产生弹性变形，到达

1 点时，金属应力达到屈服点，产生剪切变形，所以 P 点向前移动的同时还沿滑移面（或剪切面）OA 滑移，故当 P 点到达 OB 滑移面时，其合成运动使 P 点由点 1 流动到点 2，1-2′为沿切削速度 v 方向的位移量，2′-2 为滑移量。P 点越靠近刀具前面，滑移量就越大，如 3′-3、4′-4。剪应力也由于材料变形的增大而不断上升。当 P 点到达某一位置，如 OM 面上的 4 点时，剪应力达到强度极限，开始剪切断裂而成为切屑，滑移结束，切屑沿前刀面流出。上述 OA 面称为始滑面（或称始剪切面），OM 称为终滑面（或称终剪切面）。

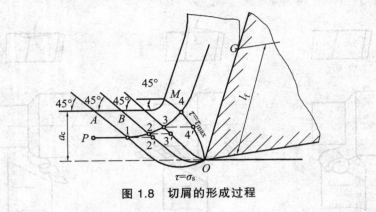

图 1.8　切屑的形成过程

　　图 1.9 是根据实验和理论研究绘制的金属切削过程中变形区的滑移线和流线示意图。流线表示被切金属某一点在切削过程中流动的轨迹，按照切削层金属变形程度的不同，将切削区域划分为三个变形区。

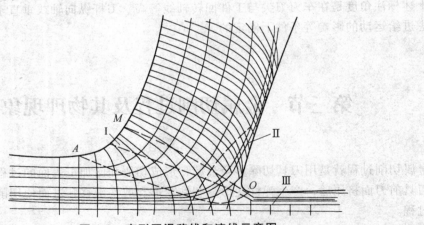

图 1.9　变形区滑移线和流线示意图

　　第一变形区（Ⅰ）：材料在前刀面挤压作用下，从图中 OA 线开始发生塑性变形到 OM 线，剪切滑移基本完成。这一区域是切削过程中的主要变形区，又称剪切滑移区。

　　第二变形区（Ⅱ）：切屑沿前刀面排出时，紧贴前刀面的底层，金属进一步受到前刀面的挤压阻滞和摩擦，再次剪切滑移而纤维化，使切屑底层很薄的一层金属流动滞缓。这一滞缓流动的金属层称为滞留层。因其变形主要是摩擦引起的，故这一区域又称摩擦变形区。切屑经过这一变形区时，其底层比上层伸长得多，发生切屑卷曲。

　　第三变形区（Ⅲ）：已加工表面受到切削刃钝圆部分与后刀面的挤压、摩擦和回弹，造成已加工表面纤维化和加工硬化。第三变形区直接影响已加工表面的质量、使用性能和刀具的磨损。

这三个变形区汇集在切削刃附近，该处应力较集中且复杂，被切削金属在此与工件母体分离形成切屑和已加工表面。

2. 切屑种类

由于工件材料性能和切削条件的不同，滑移变形的程度也不同，因而可得到不同形状的切屑，常见的有如图 1.10 所示的 4 种。

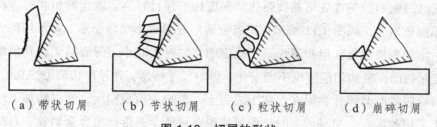

（a）带状切屑　　　（b）节状切屑　　　（c）粒状切屑　　　（d）崩碎切屑

图 1.10　切屑的形状

（1）带状切屑。切屑呈带状，与前刀面接触的底面光滑，背面呈毛茸状。在使用大的刀具前角、较高的切削速度和较小的进给量切削塑性材料时，易产生此类切屑。形成带状切屑时，切削过程平稳，切削力波动小，加工表面较光洁。但切屑连续不断，缠绕在刀具和工件上，不利于切屑的清除和运输，应采取断屑措施。

（2）节状切屑。切屑背面呈锯齿状，底面有时出现裂纹。一般在用较低的切削速度和较大的进给量粗加工中等硬度的钢材时，容易得到节状切屑。形成节状切屑时，切削力波动大，加工表面较粗糙。

（3）粒状切屑。在形成节状切屑的情况下，若进一步减小前角，降低切削速度，或增大切削厚度，则切屑在整个厚度上被挤裂，形成梯状的粒状切屑。粒状切屑比较少见，形成时，切削力波动大。

（4）崩碎切屑。切削铸铁等脆性材料时，切削层产生弹性变形后，一般不经过塑性变形就突然崩碎，切屑呈不规则的碎块。产生崩碎切屑时，切削力和切削热都集中在切削刃和刀尖附近，刀尖容易磨损，切削过程不平稳，影响表面粗糙度。

切屑的形状可以随切削条件的不同而变化。例如，加大前角、提高切削速度或减小进给量可以将节状切屑转变成带状切屑。因此，在生产中常根据具体情况采用不同的措施，来得到所需形状的切屑，以保证切削顺利进行。

二、积屑瘤

切削塑性材料时，在一定的切削条件下，切削刃附近的前刀面上会堆积黏附着一块楔形金属，这块金属称为积屑瘤。

1. 积屑瘤的形成

切削塑性材料时，在一定的温度和压力作用下，与前刀面接触的切屑底层受到很大的摩擦阻力，使这层金属的流动速度低于切屑上层的流动速度，形成一层很薄的"滞留层"。当前刀面对滞留层的摩擦阻力大于切屑金属分子之间的结合力时，就会发生"冷焊"现象，滞留层的部分新鲜金属黏附在切削刃附近，形成楔形的积屑瘤。

2. 积屑瘤对切削过程的影响

积屑瘤经过强烈的塑性变形而被强化，硬度比工件材料高，能代替切削刃进行切削，并使刀具实际前角增大，如图 1.11 所示。积屑瘤的形成对减小切屑变形、降低切削力、减少刀具磨损有一定的积极意义。但积屑瘤是不稳定的，它时大时小、时有时无，其顶端伸出刀尖之外，使实际切削深度和切削厚度不断变化，影响尺寸精度，并导致切削力变化，引起振动。此外，积屑瘤脱落时其碎片黏附在已加工表面上，影响表面粗糙度，所以精加工时应避免积屑瘤的产生。用硬质合金刀具加工时，积屑瘤脱落可能会剥落硬质合金颗粒。总的来说，积屑瘤对切削过程的影响是弊多利少。

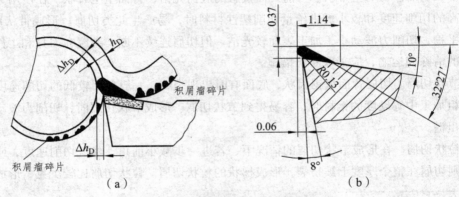

图 1.11 积屑瘤对切削过程的影响

3. 积屑瘤的控制

影响积屑瘤的因素主要是工件材料的性能和切削速度。生产中主要通过以下措施来减少积屑瘤的出现：

（1）通过热处理降低材料的塑性，提高硬度，减少滞留层的产生。

（2）控制切削速度，以控制切削温度。低速切削时（10 m/min 以下），摩擦小，切削温度低，切屑内分子结合力大于切屑底面与前刀面之间的摩擦力，不会产生积屑瘤。高速切削时（100 m/min 以上），切削温度高，切屑底面呈微熔状态，减少了摩擦，也不会产生积屑瘤。中速切削时（20 ~ 30 m/min），切削温度在 300 ℃ ~ 400 ℃，这时摩擦力最大，最易形成积屑瘤，故精加工时要避开中速范围。

（3）增大刀具前角，减小切削厚度，降低前刀面粗糙度，合理使用切削液等。

三、切削力与切削功率

在切削加工中为了切除工件毛坯的多余金属使之成为切屑，刀具必须克服金属的各种变形抗力和摩擦阻力，这些分别作用于刀具和工件上（大小相等、方向相反）的力称为切削力。切削力是金属切削加工过程中主要的物理现象之一，会导致切削热的产生、刀具的磨损、工艺系统的变形，直接影响加工精度和表面粗糙度。

1. 切削力的构成

如图 1.12 所示，前刀面上作用有法向变形抗力 F_n 和切屑沿前刀面流出时的摩擦阻力 F_f，后刀面上作用有法向变形抗力 $F_{n\alpha}$ 和刀具与后刀面间相对运动摩擦阻力 $F_{f\alpha}$。这些力合成为 F_r。F_r 就是作用在刀具上的总切削力。

2. 切削力的分解

切削力是一个空间力，为便于测量和计算，常将切削力分解为三个相互垂直的分力。车削外圆时，切削力的分解如图 1.13 所示。

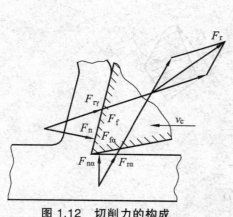

图 1.12　切削力的构成

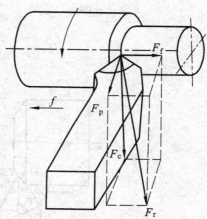

图 1.13　切削力的分解

（1）主切削力 F_c：总切削力在切削速度方向上的分力，也称切向力，约消耗总切削功率的 90% 以上。F_c 是计算切削功率的主要依据。

（2）进给力 F_f：总切削力在纵向进给方向上的分力，也称轴向力。F_f 一般只消耗总功率的 1%～5%，是设计和验算进给系统零件强度的依据。

（3）背向力 F_p：总切削力在切削深度方向上的分力，也称径向力。因为切削时在此方向上的运动速度为零，所以 F_p 不消耗功率。但 F_p 作用在机床和工件刚性最差的方向上，容易使工件产生变形和振动，影响加工精度和表面粗糙度。对于刚性较差的细长轴类工件，F_p 对形状精度的影响尤为严重。比如，当 F_p 较大时，在车床上采用双顶尖装夹细长轴工件车外圆，加工后工件呈腰鼓形；如果用三爪卡盘装夹，则加工后工件呈喇叭形，如图 1.14 所示。F_p 是设计机床主轴轴承和校验机床刚性的主要依据。

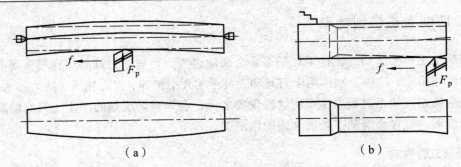

（a）　　　　　　　　　　　　　　（b）

图 1.14　背向力对加工精度的影响

总切削力与三个分力的关系为

$$F_r = \sqrt{F_c^2 + F_f^2 + F_p^2}$$

由图 1.15 可知

$$F_f = F_D \sin \kappa_r$$

$$F_p = F_D \cos \kappa_r$$

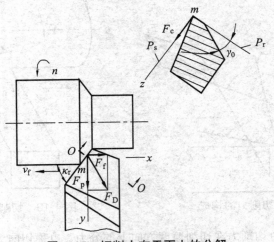

图 1.15　切削力在平面上的分解

3. 切削力的计算

主切削力 F_c 一般采用经验公式来计算：

$$F_c = F_d A_D = F_d a_p f$$

式中，F_d 是单位面积上的主切削力（单位切削力），与工件材料、热处理方法、硬度等因素有关，其数值可从有关切削手册查出。一般 $F_f = (0.1 \sim 0.6)F_c$，$F_p = (0.15 \sim 0.7)F_c$。

4. 切削功率的计算

切削功率应该是三个切削分力消耗的功率总和，但在外圆车削中，F_p 不做功，F_f 消耗的功率很小，可以忽略不计，因此切削功率按下式计算：

$$P_m = F_c \times v_c \times 10^{-3} \quad (\text{kW})$$

式中　F_c——主切削力（N）；

　　　v_c——主切削速度（m/s）。

机床电动机功率计算公式为

$$P_E \geqslant P_m / \eta$$

式中　η——机床传动效率，一般取 0.75 ~ 0.85。

5. 影响切削力的因素

（1）工件材料。工件材料的成分、组织和性能是影响切削力的主要因素。材料的强度、硬度越高，则变形抗力越大，切削力也越大。对于强度、硬度相近的材料，塑性、韧性好的材料，切削时变形抗力大，需要的切削力也大。例如，不锈钢 1Cr18Ni9Ti 的硬度强度与正火的 45 钢基本相近，但其塑性、韧性较高，所以切削力比切削正火的 45 钢大 25%。灰铸铁 HT200 的硬度与正火的 45 钢相近，但其塑性和韧性很低，故切削力比正火的 45 钢减小约 40%。

（2）切削用量。背吃刀量 a_p 和进给量 f 增加，均可使切削力增大，但影响程度不同，背吃刀量 a_p 影响最大。当其他条件不变，a_p 增加一倍时，切削力增加一倍；当 f 增加一倍时，切削力增加 70% ~ 80%。切削速度对切削力的影响不大，一般不予考虑。

（3）刀具角度。前角对切削力影响最大。前角增大时切削变形减小，故切削力减小，对塑性较大的材料，切削力的减小更为显著。改变主偏角可以改变 F_p 与 F_f 的大小。主偏角 κ_r 增大时，F_p 减小而 F_f 增加。车削细长轴时，常采用 90° 主偏角车刀，以减少工件弯曲变形和振动。

除以上因素外，刀尖圆弧半径、刀具的磨损、刀具材料和冷却润滑条件等，都可以影响切削力。

四、切削热和切削温度

1. 切削热的产生与传散

在切削过程中，绝大部分消耗的功都转变成热，这些热称为切削热。切削热来源于三个变形区，如图 1.16 所示。在第一变形区，由切削层金属的弹性变形和塑性变形而产生的热，传散到切屑与工件上，也有一部分热通过切屑再传给刀具，这是主要的热源。在第二变形区，由切屑与前刀面摩擦所产生的热传散到切屑和工件。在第三变形区，由工件与后刀面摩擦而产生的热传散到工件和刀具。切削热由切屑、工件、刀具以及周围的介质传散出去。各部分传热的比例取决于工件材料、切削速度、刀具材料、刀具角度和是否采用切削液。车削加工时，50% ~ 80% 的热量由切屑带走，10% ~ 40% 的热量传入工件，3% ~ 9% 传入车刀，1% 左右传入空气。

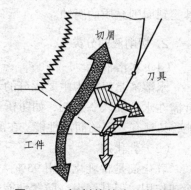

图 1.16　切削热的产生与传散

2. 切削温度及其影响因素

切削温度是指切削区（即工件、切屑与刀具接触表面）的温度。影响切削温度的因素主要有：

（1）工件材料。工件材料的强度、硬度越高，切削时变形抗力越大，消耗的功率越多，产生的切削热越多，切削温度就越高。工件材料的导热性好，可以降低切削温度。

（2）切削用量。增加切削用量，单位时间内切除的金属量增加，切削热也相应增多。但是，增加切削用量也改善了散热条件。例如，v 增加，使切屑流速加快，切屑上的热量来不及传到刀具和工件上，就被切屑带走；f 增加，可使切屑变厚，热容量增加，传入切屑的热量增加；a_p 增加可使切削刃参加工作的长度增加，增加了散热面积等。所以，v 增加一倍，切削温度升高 20%～30%；f 增加一倍，切削温度升高 10%；a_p 增加一倍，切削温度只升高 3%。

（3）刀具角度。前角增大可使切屑变形、摩擦减小，降低切削温度。实验证明，前角从 10° 增加到 18°，切削温度下降 15%。但前角不能过大，以免刀头散热体积减小，不利于降低切削温度。减小主偏角，可以增加切削刃参加工作的长度，改善散热条件，降低切削温度。

（4）切削液。切削液能迅速从切削区带走大量的热量，又能减小摩擦，可以使切削温度明显降低。

五、切削液

1. 切削液的作用

（1）冷却。切削液通过热传导、对流和汽化作用能迅速降低切削温度。一般来说，水溶液的冷却性能最好，油类最差，乳化液介于二者之间。

（2）润滑。切削液的润滑作用是通过切削液渗透到刀具与切屑、工件表面之间形成润滑膜，减小切屑与前刀面、工件表面与后刀面之间的摩擦系数，改善工件表面粗糙度和提高刀具耐用度。切削液润滑性能的好坏取决于它的渗透性、形成油膜的能力和形成油膜的强度。

（3）清洗。切削液能冲走切削过程中一些细小的切屑或磨料的细粉，防止碎屑或细粉黏附在工件、刀具和机床上，以免影响加工质量、刀具耐用度和机床精度。切削液清洗性能取决于切削液的渗透性、流动性及使用压力。

（4）防锈。在切削液中加入防锈添加剂，可使金属表面形成保护膜，防止工件、机床、刀具受到周围介质的腐蚀。

2. 切削液的分类

（1）水溶液。

水溶液是以水为主要成分的切削液。水的导热性好，冷却效果好，但润滑、防锈效果差。常需在水中加入添加剂，如防锈添加剂、表面活性剂和油性添加剂等，使其既有良好的防锈性能，又具有一定的润滑性能。在配制水溶液时，要注意水质，如果是硬水，必须进行软化处理。

（2）乳化剂。

乳化剂是将乳化油用 95%～98% 的水稀释而成，呈乳白色或半透明状的液体，具有良好的冷却作用。但其润滑、防锈性能较差，常加入油性添加剂、极压添加剂和防锈添加剂。

（3）切削油。

切削油的主要成分是矿物油（如轻柴油、煤油等），纯矿物油润滑作用不好，实际使用中，常加入油性添加剂、极压添加剂和防锈添加剂。

3. 切削液的选用

粗加工时，加工余量大，所采用的切削用量大，产生大量的切削热。采用高速钢刀具切削时，使用切削液的主要目的是降低切削温度，减少刀具磨损，多选用水溶液或乳化液。硬质合金刀具耐热性好，一般不需要用切削液，必要时可采用低浓度乳化液或水溶液，但必须连续、充分地浇注，以免处于高温状态的硬质合金刀片产生巨大的内应力而出现裂纹。

精加工时，要求表面粗糙度值较小，一般选用润滑性能较好的切削液，如高浓度的乳化液或含有极压添加剂的切削油。

切削有色金属时，不能使用含有硫的切削液，因为硫对有色金属有腐蚀作用。切削铸铁、黄铜等脆性材料时，一般不使用切削液，以免崩碎的切屑黏附在机床的运动部位。切削镁合金时，不能用水溶液，以免燃烧。

六、刀具的磨损与刀具耐用度

切削过程中，刀具在高压、高温和强烈的摩擦条件下工作，切削刃由锋利逐渐变钝以致失去切削能力，这就是刀具的磨损。刀具磨损达到一定程度后，使工件加工精度降低，表面粗糙度值增大，并导致切削力和切削温度增加，甚至产生振动，不能继续正常切削。

1. 刀具的磨损形式

（1）后刀面磨损：切削脆性材料或以较低的切削速度、较小的切削厚度（$h_D < 0.1$ mm）切削塑性材料时产生的磨损，如图 1.17（a）所示。后刀面磨损程度用磨损高度 VB 表示。

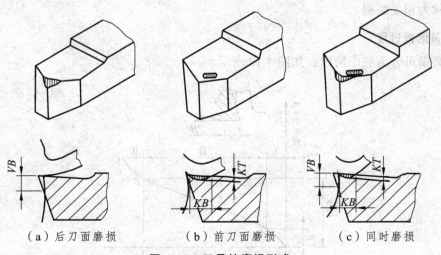

（a）后刀面磨损　　　　（b）前刀面磨损　　　　（c）同时磨损

图 1.17　刀具的磨损形式

（2）前刀面磨损：以较高的切削速度和较大的切削厚度（$h_D > 0.5$ mm）切削塑性材料时，

切屑对前刀面的压力大，摩擦剧烈，温度高，在前刀面上靠近切削刃处磨出一个月牙洼，月牙洼扩大到一定程度，月牙洼和切削刃之间的窄边在切削时容易造成崩刃。磨损量用月牙洼的深度 KT 和宽度 KB 表示，如图 1.17（b）所示。

（3）前、后刀面同时磨损：以中等切削速度和中等切削厚度（$h_D = 0.1 \sim 0.5$ mm）切削塑性材料时，同时出现前刀面和后刀面的磨损。

2. 刀具磨损的原因

（1）磨料磨损。

由于工件中含有一些硬的质点，切削过程中在刀具表面上刻划出一条条的沟痕，称为磨料磨损。它是一种机械摩擦造成的磨损。工件硬度较高时，容易产生磨料磨损。

（2）黏结磨损。

切屑与前刀面、加工表面与后刀面之间在温度和压力作用下，接触面间的吸附膜被挤破，形成了新鲜表面接触。当接触面之间的距离达到了原子间的距离时，产生黏结，称为黏结磨损。黏结磨损可能发生在较软材料一边，也可能发生在较硬材料一边。黏结磨损主要发生在中等切削速度范围内，磨损程度主要取决于工件材料与刀具材料间的亲和力、两者的硬度比等。

（3）扩散磨损。

在高温切削时，摩擦副之间的某些元素相互扩散到对方，改变了原有材料的性质，加速了刀具的磨损，称为扩散磨损。

（4）氧化磨损。

切削液中某些化学元素和空气中的氧与刀具表面在高温下起化学反应，形成一层硬度较低的化合物，被工件或切屑带走而造成的磨损，称为氧化磨损。氧化磨损与氧化膜的黏附强度有关，黏附强度越低，则磨损越快。

（5）相变磨损。

当切削温度超过刀具材料的相变温度时，刀具材料金相组织发生变化，硬度降低而产生的磨损，称为相变磨损。

3. 刀具磨损过程

刀具磨损可分为三个阶段，如图 1.18 所示。

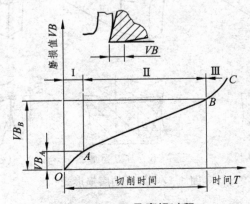

图 1.18　刀具磨损过程

（1）初期磨损阶段。图 1.18 中 *OA* 段。由于刃磨后的刀具表面微观形状是高低不平的，起初后刀面与工件表面的实际接触面积很小，故磨损较快，在曲线上 *OA* 段较陡。经过研磨或油石修光的刀具，初期磨损量较小。初期磨损量通常在 $VB = 0.05 \sim 0.1$ mm。

（2）正常磨损阶段。图 1.18 中 *AB* 段。经过初期磨损阶段后，刀具表面被磨平，接触面增大，压强减小，磨损比较均匀，*AB* 段基本呈直线。这一阶段时间较长，是刀具的主要工作阶段。

（3）急剧磨损阶段。图 1.18 中 *BC* 段。经过较长时间正常磨损后，刀具切削刃变钝。刀具对工件的切削作用基本丧失，转化为相互摩擦。刀具的磨损量和切削温度迅速增加。

4. 刀具的耐用度

生产中一般规定刀具后刀面的磨损高度 *VB* 所允许的最大尺寸为刀具的磨钝标准。但是实际生产中不可能经常测量 *VB* 的高度，于是提出了刀具耐用度的概念，即用规定刀具使用时间作为刀具磨损量的标准。

刀具耐用度 *T* 是指刀具两次刃磨期间实际进行切削的时间。确定刀具耐用度的方法有两种：一种是根据单件工时最短的原则来确定耐用度，称为最高生产率耐用度（T_p）；另一种是以单件工序成本最低的原则来确定耐用度，称为经济耐用度（T_c）。

对于制造和刃磨都比较简单且成本不高的刀具，如车刀、刨刀等，耐用度可以定得低一些；反之，对于制造和刃磨比较复杂而且成本较高的刀具，如铣刀、齿轮刀具等，耐用度应定得高一些。例如，硬质合金车刀耐用度为 $60 \sim 90$ min，钻头耐用度为 $80 \sim 120$ min，硬质合金端铣刀的耐用度为 $200 \sim 300$ min。

一般情况下，应按经济耐用度（T_c）原则来确定刀具的耐用度。但是在特殊情况（如生产任务比较紧或工序间存在不平衡现象）时应采用最高生产率耐用度（T_p）。

第四节　生产率和切削加工性能的概念

一、生产率

生产率 *R* 是指在单位时间内生产合格零件的数量，即

$$R = N/t = 1/t_d$$

式中　*N*——生产一批合格零件的数量；

　　　t——生产 *N* 个合格零件所需的时间；

　　　t_d——生产一个合格零件所需的时间。

在机床上加工一个合格零件所用的时间 t_d 一般包括三部分，即

$$t_d = t_j + t_f + t_q$$

式中　t_j——基本工艺时间，即加工一个零件所需的总切削时间，也叫机动时间；

　　　t_f——辅助时间，即维持基本工艺工作所消耗到各种操作上的时间，主要包括装卸工件、调整机床、开停机床、装卸和刃磨刀具、检验工件等时间；

　　　t_q——其他时间，是除 t_j 和 t_f 之外的时间，如领取工艺文件、熟悉图样、清扫切屑、擦拭机床、整理工作场地等时间。

所以，生产率又可表示为

$$R = 1/(t_j + t_f + t_q)$$

由上式可以看出，提高切削加工的生产率，就是设法减少零件加工的基本工艺时间 t_j、辅助时间 t_f 和其他时间 t_q。

二、材料的切削加工性能

材料的切削加工性能是指在一定切削条件下，材料进行切削加工的难易程度。

1. 衡量材料加工性能的指标

（1）一定刀具耐用度下的切削速度 v_T。v_T 是当耐用度为 T（min）时，切削某种材料所允许的最大切削速度。v_T 越高，材料的切削加工性能越好。通常取 $T = 60$ min，则 v_T 写作 v_{60}。

（2）相对加工性 K_r。以切削正火状态 45 钢的 v_{60} 作为基准，写作 $(v_{60})_j$，而把其他各种材料的 v_{60} 同 $(v_{60})_j$ 相比，其比值 $K_r = v_{60}/(v_{60})_j$，称为材料的相对加工性。

常用的材料相对加工性分为 8 级，如表 1.2 所示。凡 K_r 大于 1 的材料，其加工性比正火45 钢好；反之则差。

表 1.2　材料切削加工性能等级

加工性 等级	材料名称及种类		相对加工性 K_r	代表性材料
1	很容易切削材料	一般有色金属	>3.0	铝镁合金：QA19～4
2	容易切削材料	易切削钢	2.5～3.0	15Cr，退火
3		较易切削钢	1.6～2.5	30 钢，正火
4	普通材料	一般钢及铸铁	1.0～1.6	45 钢，灰铸铁
5		稍难切削钢	0.65～1.0	2Cr13，调质
6	难切削材料	较难切削钢	0.5～0.65	40Cr，调质
7		难切削钢	0.15～0.5	50Cr，调质
8		很难切削钢	<0.15	某些钛合金，铸造镍基高温合金

（3）加工质量。容易获得好的表面质量的材料其加工性能较好；反之则较差。精加工时，常用此项指标来衡量切削加工性的好坏。

（4）切屑或断屑的难易。容易控制切屑或易于断屑的材料，其切削性能好；反之则较差。在自动机床或自动线上加工时，常用此项指标来衡量。

（5）切削力的大小。在相同的切削条件下，凡切削力小的材料，其切削加工性好；反之则较差。在粗加工中，当机床动力或刚性不足时，常用此项指标来衡量。

2. 改善材料切削加工性的途径

（1）调整材料的化学成分。在大批量生产中，应通过调整工件材料的化学成分来改善切削加工性。在钢材中适当添加一些化学元素，如 S、Pb 等，能使钢的切削加工性得到改善，这样的钢就称为易切削钢。易切削钢的良好切削加工性主要表现在：切削力小、容易断屑，且刀具耐用度高，加工表面质量好。

（2）通过热处理改变工件材料的金相组织和性能。金属组织影响工件材料的切削加工性，通过热处理可改变工件材料的金相组织和性能，因此改善了其切削加工性。例如，低碳钢通过正火、高碳钢和工具钢通过球化退火，都能使切削加工性得到改善。

第五节　金属切削机床

金属切削机床是制造机器的机器，所以又称为"工作母机"，习惯上简称"机床"。机床的种类和规格繁多，为了便于区别、使用和管理，必须对机床进行分类和编制型号。

一、机床的分类

按加工性质和所用刀具进行分类，机床可分为车床、钻床、镗床、磨床、齿轮加工机床、螺纹加工机床、铣床、刨插床、拉床、特种加工机床、锯床和其他机床共 12 类。其中，磨床的品种较多，故又细分为三个分类。如表 1.3 所示，这是机床最基本的分类方法。

表 1.3　机床的类别和分类代号

类别	车床	钻床	镗床	磨床			齿轮机床加工	螺纹机床加工	铣床	刨插床	拉床	特种机床加工	锯床	其他机床
代号	C	Z	T	M	2M	3M	Y	S	X	B	L	D	G	Q
读音	车	钻	镗	磨	二磨	三磨	牙	丝	铣	刨	拉	电	割	其

按机床工艺范围的宽窄（通用程度），机床又可分为通用机床、专门化机床和专用机床。通用机床工艺范围很宽，可以加工一定尺寸范围内的各种类型零件和完成多种多样的工序，如普通卧式车床、万能升降台铣床、摇臂钻床等都属于通用机床。通用机床结构复杂、生产率低，主要适用于单件、小批量生产。专门化机床的工艺范围较窄，只能加工形状相似而尺

寸不同的工件的特定工序，如曲轴车床、凸轮轴车床、精密丝杠车床、花键轴铣床等都属于专门化机床。专用机床的工艺范围最窄，只能加工特定工件的特定工序，如加工机床主轴箱的专用镗床、加工车床床身导轨的专用磨床以及汽车、拖拉机制造企业中大量使用的各种组合机床，都属于专用机床。专用机床生产率高，适用于大批量生产。

按自动化程度的不同，机床可分为手动、机动、半自动和自动机床。

按重量和尺寸的不同，机床可分为仪表机床、中型机床、大型机床（重量大于 10 t）、重型机床（重量大于 30 t）、超重型机床（重量大于 100 t）。

按加工精度的不同，机床可分为普通机床、精密机床和高精度机床。

按主要工作部件的数目，机床又可分为单轴机床、多轴机床或单刀、多刀机床。

二、机床型号的编制方法

我国现行的机床型号是按照国家标准 GB/T 15375—94《金属切削机床型号编制方法》编制的。通用机床型号用下面方式表示：

1. 机床类、组、系的划分及其代号

机床的类别用汉语拼音大写字母表示，当需要时，类中又可分为若干分类，具体类别代号及其读音如表 1.3 所示。

每类机床又按工艺特点、布局形式和结构特征的不同，最多可以划分为 10 个组（有的类划分少于 10 个组），用数字 0～9 表示。每组机床最多又可划分为 10 个系（有的组划分少于 10 个系），用数字 0～9 表示。系的划分原则为：主参数相同，并按一定公比排列，工件和刀具的相对运动特点基本相同，即划为同一系。

2. 机床的特性代号

当某类型机床具有某种特殊通用特性和结构特性时，则应在类代号之后加上相应的特征代号，通用特性代号如表 1.4 所示。如 "CK" 表示数控车床。如果同时具有两种通用特性，则可用两个代号同时表示，如 "MBG" 表示半自动高精密磨床。如某类型机床仅有某种通用特性，而无普通型，则通用特性不必表示，如 C1107 型单轴纵切自动车床，由于这类自动车床没有 "非自动" 型，所以不必用 "Z" 表示通用特性。

表 1.4　通用特性代号

通用特征	高精度	精密	自动	半自动	数控	加工中心	仿形	轻型	加重型	简式	数显	高速
代号	G	M	Z	B	K	H	F	Q	C	J	X	S
读音	高	密	自	半	控	换	仿	轻	重	简	显	速

结构特性代号应用于通用特征代号之后，主要区分主参数相同而结构不同的机床。结构特性代号在机床型号中没有统一的含义。例如，CA6140 型卧式车床型号中的 "A"，可以理解为这种型号的车床在结构上区别于 C6140 型车床。

3. 机床的主参数

机床型号中的主参数代表机床规格的大小，用折算值（一般为主参数实际值的 1/10 或 1/100）表示，位于组、系代号之后。如 C6150 车床，主参数折算值为 50，折算系数为 1/10，故主参数（床身上最大回转直径）为 500 mm。

对于多轴机床，其轴数应以实际数值列入型号，置于主参数之后，用"×"分开，读作"乘"。如 C2150×6 表示最大棒料直径为 50 mm 的卧式六轴自动车床（因这种车床没有普通型号，故不用将通用特性"自动"表示出来）。

4. 机床重大改进顺序号

当机床的结构、性能有重大改进和提高时，按其设计改进的次序分别用汉语拼音字母 A，B，C，D…表示，附在机床型号末尾，以示区别，如 C6140A 是 C6140 型车床经过第一次重大改进的车床。

CM6132 表示床身上最大回转直径为 320 mm 的精密卧式车床。

MG1432 表示最大磨削直径为 320 mm 的高精度万能外圆磨床。

T4163A 表示工作台面宽度为 630 mm 的立式单柱坐标镗床，经过第一次重大改进。

XK5040 表示工作台面宽度为 400 mm 的数控立式升降台铣床。

习 题

1. 试说明下列加工方法的主运动和进给运动。

车端面；车床钻孔；钻床钻孔；镗床镗孔；牛头刨床刨平面；龙门刨床刨平面；铣床铣平面；插床插键槽；外圆磨床磨外圆；内圆磨床磨内孔。

2. 在工件转速固定、车刀由外向轴心进给时，车端面的切削速度是否有变化？若有变化，是怎样变化的？

3. 什么是切削用量要素？什么是切削层要素？

4. 对刀具切削部分的材料性能有哪些基本要求？

5. 试绘制外圆车刀车外圆时刀具的标注角度。

6. 常用的刀具材料有哪些？各自的主要用途是什么？

7. 切削塑性金属时有几个变形区？常见的切屑有哪几种？

8. 切下窄而厚的切屑省力还是切下宽而薄的切屑省力？

9. 车外圆时，工件转速 $n = 360$ r/min，$v_c = 150$ m/min，测得此电动机功率 $P_E = 3$ kW，设车床传动效率 $\eta = 0.8$，试求工件直径 d_w 和 F_c。

10. 试分析积屑瘤形成的原因及其对切削加工的影响。如何避免积屑瘤？

11. 衡量材料切削加工性能的指标是什么？怎样改善材料的切削加工性能？

12. 刀具磨损的原因有哪些？

13. 何谓刀具耐用度？评定刀具耐用度有哪两个原则？

14. 常用金属切削机床是如何进行分类的？试解释下列机床型号的含义：C6132，Z5125，XK5040，MM1432，B6050。

第二章 车 削

第一节 车削加工概述

车削是以工件回转做主运动，车刀相对工件做进给运动的切削加工方法。在金属切削加工中，车削是最基本的切削方法之一。车削主要用于回转体表面的加工，其主要工艺范围如图 2.1 所示。车削加工具有以下特点：

（1）加工范围广。只要能在车床上装夹的工件（如回转体、支架等），均可加工；加工精度范围广，可获得低、中和相当高精度的工件（如有色金属可达 IT5 ~ IT6，R_a 为 1.0 ~ 0.8 μm）；可加工各种金属和非金属材料；适用于从单件小批到大批量的生产。

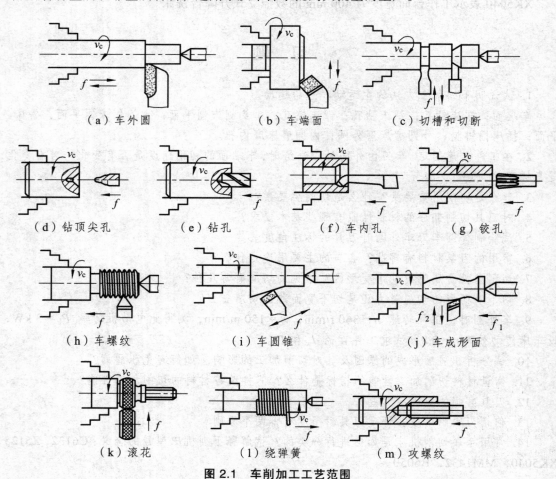

（a）车外圆　　　　　（b）车端面　　　　　（c）切槽和切断

（d）钻顶尖孔　　　（e）钻孔　　　（f）车内孔　　　（g）铰孔

（h）车螺纹　　　　（i）车圆锥　　　　（j）车成形面

（k）滚花　　　　　（l）绕弹簧　　　　　（m）攻螺纹

图 2.1 车削加工工艺范围

（2）生产率高。一般车削是连续的，切削过程平稳，且回转主运动不受惯性力的影响，可以采用高的切削速度。另外，车刀的刀杆可以伸出很短，刀杆的刚度好，可以采用较大的背吃刀量和进给量。

（3）成本较低。车刀的制造、刃磨和使用都很方便，通用性好；车床附件较多，可满足大多数工件的加工要求，生产准备时间短，有利于提高效率，降低成本。

第二节 卧式车床

车床的种类较多，有卧式车床、立式车床、转塔车床、回轮车床、仪表车床、仿形车床、自动和半自动车床等，其中应用较广泛的是卧式车床。

一、卧式车床的组成

图 2.2 为 CA6140 卧式车床的外形图，下面介绍其主要组成部件和作用。

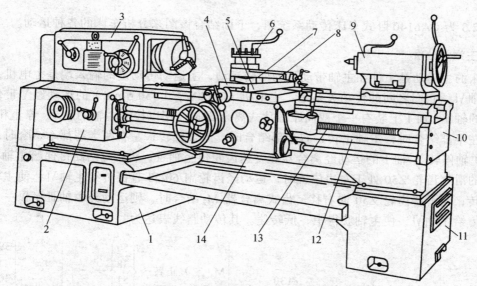

图 2.2 CA6140 卧式车床外形

1—左床腿；2—进给箱；3—主轴箱；4—床鞍；5—中滑板；6—刀架；7—回转盘；8—小滑板；
9—尾座；10—床身；11—右床腿；12—光杠；13—丝杠；14—溜板箱

（1）主轴箱。

主轴箱内有主轴部件和主运动变速机构，调整这些变速机构，可得到不同的主轴转向、转速和切削速度。主轴的前端能安装卡盘或顶尖等，用以夹持工件，工件在主轴的带动下实现回转主运动。

（2）进给箱。

进给箱内有进给运动的变速机构；主轴箱的运动通过挂轮传给进给箱，进给箱再通过光杠（或丝杠）将运动传给床鞍及刀架，从而改变机动进给量的大小（或螺纹的导程）。

（3）溜板箱。

溜板箱固定在床鞍的前侧，用途是把进给箱传来的运动传递给刀架，使刀架做纵向（或横向）进给、车螺纹或快速移动。

（4）方刀架。

方刀架安装在小滑板上，小滑板安装在中滑板上，并可沿中滑板上的导轨移动；中滑板安装在床鞍上，并可沿床鞍上的导轨移动；床鞍安装在床身上，并可沿床身上的纵向导轨移动。刀架部分的作用是装夹车刀并使车刀做纵向、横向或斜向进给运动。

（5）尾座。

尾座装在床身尾部的导轨上，并可沿此导轨纵向调整位置；还可以沿本身底座上的导轨，调整其相对于床身的横向位置。尾座是用来支承工件、安装钻头等孔加工刀具的。

（6）床身。

床身是用来支承和连接车床的各部件，保证各部件相互位置和相对运动的基础件。

二、卧式车床运动分析

图 2.3 为 CA6140 卧式车床传动系统图，下面结合该图来分析车床的各种运动。

1. 主运动分析

车床的主运动是工件在主轴带动下的回转运动，主运动传动链的输入端是主电机，输出端是主轴Ⅵ，它们之间的传动关系是：主电机（7.5 kW，1 450 r/min）的运动经V带传至主轴箱中的轴Ⅰ（轴Ⅰ上装有一个双向摩擦片式离合器 M_1，用以控制主轴的启动、停止和换向；离合器左半部结合时，主轴正转；右半部结合时，主轴反转；左右两半部都不结合时，轴Ⅰ空转，主轴停转）。轴Ⅰ的运动经离合器和变速齿轮传至轴Ⅲ，然后分两路传递给主轴。当主轴Ⅵ上的滑移齿轮 Z50 处于左边位置时，运动经齿轮副 60/53 直接传给主轴Ⅵ，使主轴得到高速旋转；当滑移齿轮 Z50 向右移，齿式离合器 M_2 结合时，则运动经由轴Ⅲ—Ⅳ—Ⅴ的齿轮机构传给主轴Ⅵ，使主轴获得中、低转速。其传动路线表达为

$$
主电机（7.5\,kW,1\,450\,r/min）— \frac{\phi 130}{\phi 230} — I \left\{ \begin{array}{l} M_1（左）正转 — \left\{ \begin{array}{l} \frac{56}{38} \\ \frac{51}{43} \end{array} \right. — \\ M_1（右）反转 — \frac{50}{34} — Ⅶ — \frac{34}{30} — \end{array} \right. — Ⅱ — \left\{ \begin{array}{l} \frac{39}{41} \\ \frac{30}{50} \\ \frac{22}{58} \end{array} \right. —
$$

$$
— Ⅲ \left\{ \begin{array}{l} \quad\quad \frac{63}{50} \quad\quad \\ \left\{ \begin{array}{l} \frac{50}{50} \\ \frac{20}{80} \end{array} \right. — Ⅳ — \left\{ \begin{array}{l} \frac{51}{50} \\ \frac{20}{80} \end{array} \right. — Ⅴ — \frac{26}{58} — M_2（合） \end{array} \right. — Ⅵ(主轴)
$$

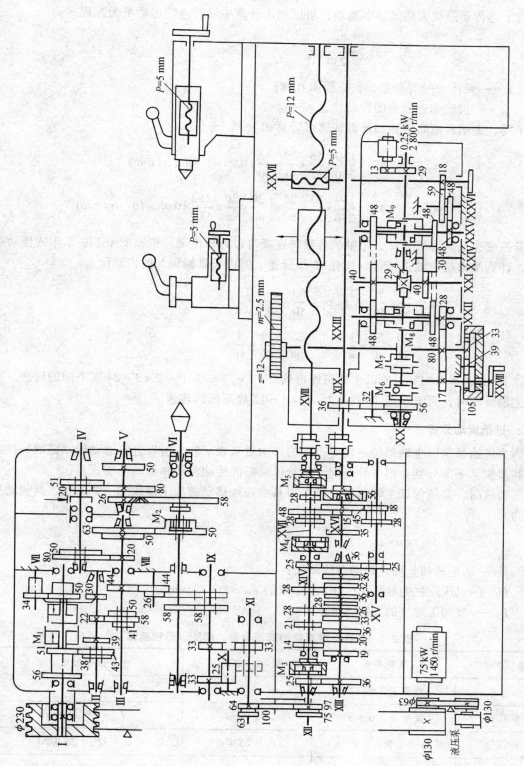

图 2.3 CA6140 卧式车床传动系统图

将上述传动路线表达式加以整理，可以列出计算主轴转速的运动平衡方程式：

$$n_{VI} = n_{电机} \times \frac{130}{230} \varepsilon \mu_b$$

式中　　ε——带传动的滑动系数，一般取 0.98；

　　　　μ_b——齿轮变速部分的传动比。

于是，主轴的最高转速和最低转速可计算如下：

$$n_{VI最大} = 1\ 450 \times \frac{130}{230} \times \frac{56}{38} \times \frac{39}{41} \times \frac{63}{50} \times 0.98 \approx 1\ 400 \quad (r/min)$$

$$n_{VI最小} = 1\ 450 \times \frac{130}{230} \times \frac{51}{43} \times \frac{22}{58} \times \left(\frac{20}{80} \times \frac{20}{80} \times \frac{26}{58}\right) \times 0.98 \approx 10 \quad (r/min)$$

若按变速系统逐级计算，主轴的各级转速都可以计算出来。根据 CA6140 车床的传动系统图，计算结果是主轴正转时应具有 30 级转速，但由于Ⅲ轴到Ⅴ的传动比为

$$\mu_1 = \frac{50}{50} \times \frac{51}{50} \approx 1; \quad \mu_2 = \frac{50}{50} \times \frac{20}{80} = \frac{1}{4}$$

$$\mu_3 = \frac{20}{80} \times \frac{51}{50} \approx \frac{1}{4}; \quad \mu_4 = \frac{20}{80} \times \frac{20}{80} = \frac{1}{16}$$

其中，μ_2 和 μ_3 基本相等，所以主轴只能得到 $2 \times 3 \times (2 \times 2 - 1) + 2 \times 3 = 24$ 级不同的转速。同理，主轴反转时，只能获得 $3 \times (2 \times 2 - 1) + 3 = 12$ 级不同的转速。

2. 进给运动分析

因为进给量是以主轴每转一转时刀架的移动量来表示的，所以进给运动传动链的端件是主轴和刀架。下面分别介绍各种情况下进给传动链的传动路线和运动平衡式。

车螺纹时，必须保证主轴每转一转，刀具准确地移动被加工螺纹的一个导程，其运动平衡式为

$$1_{主轴} \times \mu \times L_{丝} = L_{工}$$

式中　　μ——从主轴到丝杠之间的总传动比；

　　　　$L_{丝}$——机床丝杠的导程（CA6140 车床的 $L_{丝} = P = 12\ mm$）；

　　　　$L_{工}$——被加工螺纹的导程（mm）。

表 2.1　各种标准螺纹的螺距参数、螺距、导程换算

螺纹种类	螺距参数	螺距（mm）	导程（mm）
米　制	螺距 P（mm）	P	
模数制	模数 m（mm）	$P_m = \pi m$	$L_m = kP_m = k\pi m$
英　制	每英寸牙数 α（牙/in）	$P_\alpha = 25.4/\alpha$	$L_\alpha = kP_\alpha = 25.4k/\alpha$
径节制	径节 DP（牙/in）	$P_{DP} = 25.4\pi/(DP)$	$L_{DP} = kP_{DP} = 25.4k\pi/(DP)$

（1）车螺纹时的传动路线：

$$主轴（Ⅵ）\begin{cases}（正常螺距）\\ \dfrac{58}{58}\\ （扩大螺距）\\ \dfrac{58}{26}-Ⅴ-\dfrac{80}{20}-Ⅳ\begin{cases}\dfrac{80}{20}\\ \dfrac{50}{50}\end{cases}-Ⅲ-\dfrac{44}{44}-Ⅷ-\dfrac{26}{58}\end{cases}-Ⅸ\begin{cases}（右螺纹）\\ \dfrac{33}{33}\\ （左螺纹）\\ \dfrac{33}{25}-Ⅹ-\dfrac{25}{33}\end{cases}-$$

$$-Ⅺ\begin{cases}（车米制、英制螺纹）\\ \dfrac{63}{100}-\dfrac{100}{75}\\ （车模数、径节螺纹）\\ \dfrac{64}{100}-\dfrac{100}{97}\end{cases}-Ⅻ\begin{cases}（米制、模数罗纹）\\ \dfrac{25}{36}-ⅩⅢ-\mu_基-ⅩⅣ-\dfrac{25}{36}-\dfrac{36}{25}\\ （英制、径节螺纹）\\ M3合-ⅩⅣ-\dfrac{1}{\mu_基}-ⅩⅢ-\dfrac{36}{25}\end{cases}-ⅩⅤ-$$

$$\mu_倍-ⅩⅦ——M5合—ⅩⅧ丝杠（刀架）$$

式中　$\mu_基$——轴ⅩⅢ～ⅩⅣ变速机构的 8 种传动比，即

$$\mu_{基1}=\frac{26}{28}=\frac{6.5}{7};\ \mu_{基2}=\frac{28}{28}=\frac{7}{7};\ \mu_{基3}=\frac{32}{28}=\frac{8}{7};\ \mu_{基4}=\frac{36}{28}=\frac{9}{7}$$

$$\mu_{基5}=\frac{19}{14}=\frac{9.5}{7};\ \mu_{基6}=\frac{20}{14}=\frac{10}{7};\ \mu_{基7}=\frac{33}{21}=\frac{11}{7};\ \mu_{基8}=\frac{36}{21}=\frac{12}{7}$$

$\mu_倍$——轴ⅩⅤ～ⅩⅦ变速机构的 4 种传动比，即

$$\mu_{倍1}=\frac{18}{45}\times\frac{15}{48}=\frac{1}{8};\ \mu_{倍2}=\frac{28}{35}\times\frac{15}{48}=\frac{1}{4};\ \mu_{倍3}=\frac{18}{45}\times\frac{35}{28}=\frac{1}{2};\ \mu_{倍4}=\frac{28}{35}\times\frac{35}{28}=1$$

　　上述传动路线表达式分析如下：运动从主轴Ⅵ传出，可经两条路线到达Ⅸ轴：一条是正常螺距路线，即主轴转一转，Ⅸ轴也转一转；另一条是扩大螺距路线，即主轴转一转，Ⅸ轴可转 4 转或 16 转，使被车削的螺纹导程加大。Ⅸ轴与Ⅺ轴之间有一个反向机构，用于车右螺纹或左螺纹。Ⅺ轴与Ⅻ轴之间的挂轮是车米制、英制或模数制、径节制螺纹时搭配用的。进给箱内Ⅻ轴右端的 25 齿齿轮与ⅩⅤ轴左端的 25 齿齿轮分别组成两个移换机构，是用来变车米制（或模数制）螺纹传动路线为车英制（或径节制）螺纹传动路线的；或反之，当Ⅻ轴上的 25 齿齿轮向左，ⅩⅤ轴上的 25 齿齿轮向右，为车米制螺纹的传动路线。

　　变换进给箱中的 $\mu_基$ 基本螺距变换机构，可以得到各种基本螺距（或导程）；变换 $\mu_倍$ 可得到与基本螺距成倍数关系的螺距（或导程）。

（2）纵向进给和横向进给时的传动路线：

$$\text{主轴 VI} - \left\{ \begin{array}{l} \text{车米制螺纹传动路线} \\ \text{车英制螺纹传动路线} \end{array} \right\} - \text{XVII} - \frac{28}{56} - \text{光杠 XIX} - \frac{36}{32} - \frac{32}{56} - \text{M}_6 \text{（超越离合器）}-$$

$$- \text{M}_7 \text{（安全离合器）} \quad \text{XX} - \frac{4}{29} - \text{XXI} \left[\begin{array}{l} \text{（刀架向左移）} \\ \frac{40}{48} - \text{M}_8 \uparrow \\ \text{（刀架向右移）} \\ \frac{40}{30} - \text{XXIV} - \frac{30}{48} - \text{M}_8 \downarrow \\ \text{（刀架向外移）} \\ \frac{40}{48} - \text{M}_9 \uparrow \\ \text{（刀架向里移）} \\ \frac{40}{30} - \text{XXIV} - \frac{30}{48} - \text{M}_9 \end{array} \right.$$

快速电机————⇑
（0.25 kW, 2 800 r/min）

$$\left\{ \begin{array}{l} - \text{XXII} - \frac{28}{80} - \text{XXIII} - A \\ \\ - \text{XXV} - \frac{48}{48} - \text{XXVI} - B \end{array} \right.$$

$$\text{接} A - \text{XXIII} - \left\{ \begin{array}{l} \text{齿轮} z12 - \text{齿条（刀架纵向移）} \\ \frac{33}{39} - \frac{39}{105} - \text{（刻度盘）} \end{array} \right.$$

$$\text{接} B - \text{XXVI} - \frac{59}{18} - \text{XXVII（横丝杠）}$$

纵向和横向进给的传动路线，前一部分与车米制和英制螺纹的传动路线相同，到 XVII 轴以后由齿轮副 28/56 将运动传到光杠 XIX 而进入溜板箱，再经齿轮副 36/32 和 32/56 传到与 56 齿齿轮啮合的超越离合器 M_6 及其右边的安全离合器 M_7 上，后传到 XX 轴。XX 轴的运动经蜗杆蜗轮副 4/29 后分作两路：一路到纵向进给，由齿式离合器 M_8 控制其接通、断开或向左、向右；另一路为横向进给，由齿式离合器 M_9 控制其接通、断开或向里、向外。快速运动由快速电机通过齿轮副 13/29 带动 XX 轴，这时超越离合器 M_6 的外壳慢转、内芯快转，离合器 M_6 脱开，解决了快、慢两个进给运动的干涉问题。手动纵向和横向进给时，可分别将离合器 M_8、M_9 脱开，然后转动 XXVIII 轴和 XXVII 上的手轮。

第三节　工件在车床上的装夹

车削加工时，工件和刀具都必须通过夹具装夹在车床的确定位置上，经常使用的夹具已作为车床附件来生产，如卡盘、顶尖、心轴、中心架和跟刀架等。

一、卡　盘

卡盘是应用广泛的车床附件，用于装夹轴类、盘套类工件。卡盘分为三爪自定心卡盘、四爪单动卡盘和花盘。

（1）三爪自定心卡盘。

三爪自定心卡盘的结构原理如图 2.4 所示。卡盘体 6 中有一个大圆锥齿轮 3 与三个均布的小圆锥齿轮 4 相啮合，将扳手插入任何一个小圆锥齿轮的扳手孔 5 中转动，都可以带动大圆锥齿轮回转，大圆锥齿轮背面的平面螺纹 2 与各卡爪背面的平面螺纹相啮合，显然，卡爪随着锥齿轮的转动可以做向心或离心运动，从而使工件被夹紧或松开。

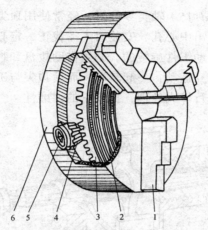

6 5 4 3 2 1

图 2.4 三爪自定心卡盘

1—卡爪；2—平面螺纹；3—大圆锥齿轮；4—小圆锥齿轮；5—扳手孔；6—卡盘体

三爪自定心卡盘装夹工件时，能自动对中，不需找正，适于装夹圆形、正角边形和正六边形等截面的工件。卡爪从外向内夹紧可以装夹实心工件；由内向外夹紧可以装夹空心工件。三爪自定心卡盘的夹紧力较小，适于装夹中、小型工件。

（2）四爪单动卡盘。

四爪单动卡盘的结构原理如图 2.5 所示。四个卡爪互不相关，每个卡爪的背面有半瓣内螺纹与丝杠啮合，将扳手插入丝杠的扳手孔中转动，能独立地调整卡爪的径向位置。因此，四爪单动卡盘可以夹持圆形、方形、长方形和椭圆形等截面的工件。四爪卡盘的夹紧力较大，适用范围广，但装夹工件时必须仔细找正，对工人的技术水平要求较高，在单件小批量生产和大件生产中应用较多。

（3）花盘。

花盘直接安装在主轴上，其结构形状如图 2.6 所示。盘面上有许多长短不同的穿通槽和 T

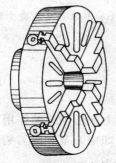

图 2.5 四爪单动卡盘

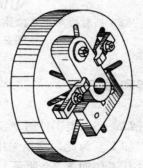

图 2.6 花 盘

形槽，以便使用螺钉、压板、角铁等装夹工件。花盘适于装夹加工表面与定位基准面相垂直的不规则工件，重心往往偏向一侧，因此需要在另一侧安装平衡块，以减少振动。

二、顶　尖

在车床上加工实心（$4<L/d<15$）轴类零件时，经常使用顶尖装夹工件。使用顶尖装夹工件，必须先在工件两端面上钻出中心孔，安装时不需找正，定心精度较高。在使用双顶尖安装工件时，前后顶尖是不能带动工件旋转的，必须借助拨盘和鸡心夹头来带动，如图 2.7 所示。前顶尖与工件之间没有相互运动，一起转动；而后顶尖与工件之间有相对运动，为保证后顶尖的使用寿命，应对其进行淬火处理，提高它的耐磨性。

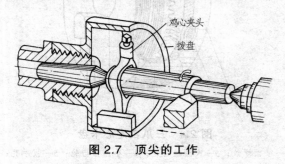

图 2.7　顶尖的工作

三、心　轴

在车床上加工带孔的盘套类工件的外圆和端面时，先把工件装夹在心轴上，再把心轴装夹在两顶尖之间进行加工。心轴的结构有多种，常见的有整体心轴和带螺母压紧的心轴，如图 2.8 所示。整体心轴的定位部分常常带有 1：1 000～1：5 000 的圆锥面，心轴依靠配合表面的弹性变形来夹紧工件。所以，心轴定位精度高，但轴向无法定位。

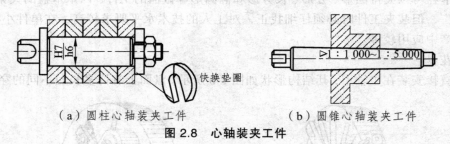

（a）圆柱心轴装夹工件　　　　　　　　（b）圆锥心轴装夹工件

图 2.8　心轴装夹工件

四、中心架和跟刀架

加工细长轴（$L/d>15$）类工件时，工件在自重、离心力和切削力的作用下将会产生弯曲和振动，甚至难以加工。为此，需要采用辅助装夹机构，如中心架和跟刀架等。中心架和跟刀架的结构原理及其工作如图 2.9 所示。

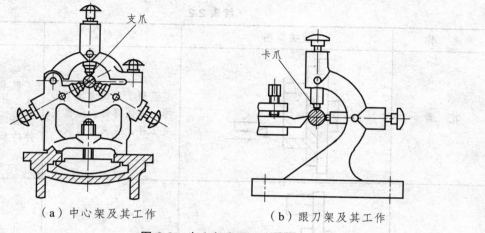

（a）中心架及其工作　　　　（b）跟刀架及其工作

图 2.9　中心架和跟刀架

如图 2.9（a）所示，中心架的底部用螺钉和压板固定在床身上，互成 120°的三个可以单独调节的支爪用以支承工件。支爪选用铜合金或铸铁材料，工作时耐磨损又不易损伤工件。工件的表面粗糙不高时，应在支爪的支承处先车出一段光滑的轴颈。使用中心架能有效地增加细长轴类工件的刚度，从而提高工件的加工精度。中心架也用于加工细长轴工件的端面以及镗孔和切断等工作。

图 2.9（a）所示是在加工细长轴类工件时，增加工件的刚度、防止工件弯曲变形的辅助装夹机构。首先，把跟刀架固定在车床床鞍上，使其跟随刀具一起运动；然后在工件的右端车出一段外圆面，以便调整车刀和跟刀架的两个卡爪。而车刀本身相当于一个卡爪。使用跟刀架加工的工件外圆表面上不会出现接刀痕迹。

显然，中心架适用于细长轴类工件的粗加工，跟刀架适用于半精加工和精加工。

表 2.2 列出了车床通用夹具的特点及应用。

表 2.2　车床上常用装夹方法的特点与应用

名　　称	装夹简图	装夹特点	应　用
三爪自定心卡盘		三个卡爪同时移动，自动定心，装夹迅速方便；夹紧力较小	长径比小于 4，截面为圆形、六方形的中小形工件的加工
四爪单动卡盘		四个卡爪都可以单独移动，装夹工件需要找正；夹紧力较大	长径比小于 4，截面为方形、椭圆形的较大、较重的工件

续表 2.2

名　称	装夹简图	装夹特点	应　用
花　盘		盘面上多通槽和 T 形槽，使用螺钉、压板装夹工件，装夹前需找正	形状不规则工件、孔或外圆与定位基面垂直的工件的加工
花盘、弯板		花盘、弯板配合使用，夹紧前需找正	孔或外圆与定位基面平行的工件的加工
双顶尖		定心准确，装夹稳定，通过拨盘和鸡心夹头传递转矩和运动	长径比为 4~15 的实心轴类零件的加工
双顶尖、中心架		支爪可调，增加工件刚度、减少变形	长径比大于 15 的细长轴工件的粗加工
一夹一顶跟刀架		支爪随刀具一起移动，无接刀痕	长径比大于 15 的细长轴工件的半精加工、精加工
心　轴		能保证外圆、端面对内孔的位置精度	以孔为定位基准的盘套类零件的加工

第四节　车刀的结构形式

车刀按结构不同可分为整体式、焊接式、机夹重磨式和机夹可转位式等几种。

整体式车刀是将车刀的切削部分与夹持部分用同一种材料制成，如尺寸不大的高速钢车刀。

焊接式车刀是在碳钢（45 钢）的刀杆上根据刀片的尺寸铣出槽后将硬质合金钎焊在刀槽中，然后刃磨出所需参数。焊接式车刀结构简单、紧凑、刚性好、灵活性大，可根据要求较方便地刃磨出几何角度，所以应用广泛。但经高温钎焊的硬质合金刀片易产生应力和裂纹，切削性能有所下降，且刀杆不能重复使用。

机夹重磨式车刀的刀片与刀杆是两个可拆独立原件，切削时靠夹紧力将它们紧固在一起。这避免了因焊接产生的缺陷，提高了刀具的切削性能，且刀杆可重复使用。

机夹可转位式车刀是将压制有合理几何参数、断屑槽、并有几个切削刃的多边形刀片用机械夹固的方法装夹在刀杆上。当刀片的一个切削刃磨钝后，松开夹紧原件，刀片转位换成另一个新切削刃，重新夹紧继续加工。机夹可转位式车刀的刀杆和刀片可实现标准化、系列化。图 2.10 为常见车刀的结构。

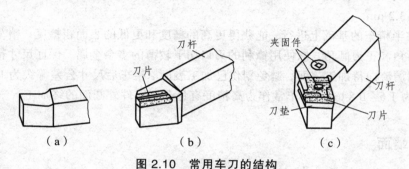

图 2.10　常用车刀的结构

第五节　车削加工

一、车外圆

车外圆是最常见、最基本的车削加工方法。其主要形式如图 2.11 所示。车削外圆一般分为粗车、半精车和精车。

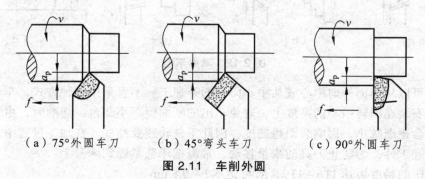

（a）75°外圆车刀　　　（b）45°弯头车刀　　　（c）90°外圆车刀

图 2.11　车削外圆

粗车外圆主要考虑的是提高生产率，对精度和表面质量无太高要求。粗车直径相差较大的台阶轴时，一般从直径较大的部位开始加工，直径最小的部位最后加工，以使整个车削过程中有较好的刚性。粗车时加工余量不均匀，切削力大，适宜在低精度、大功率的车床上进行。粗车刀一般采用负刃倾角、小前角加负倒棱、过渡刃及小后角，生产中常选用 75°偏角（刀头强度最高）的外圆粗车刀。45°偏刀不仅能车外圆，还能车端面和倒角，但因负偏角较大，工件的加工表面较粗糙，不适于精加工。90°偏刀可用于粗车或精车，最适于车削有垂直台阶和细长轴类工件。

粗车后工件所能达到的尺寸公差等级为 IT11 ~ IT13，表面粗糙度 R_a 为 50 ~ 12.5 μm。粗车常作为精加工的预加工工序，对精度要求不高的表面也可作为最终加工。

半精车是在粗车的基础上进一步提高加工精度和表面质量，常作为中等精度要求零件的终加工，也作为精车或精磨工件的预加工，半精车后尺寸公差等级为 IT9 ~ IT10，表面粗糙度 R_a 为 6.3 ~ 3.2 μm。

精车须在半精车的基础上进行，能获得更高的精度和更低的表面粗糙度。精车刀应选用较大的前角、后角和正刃倾角，以便用锋利的刃口切下较薄的多余金属，保证尺寸精度；采用正刃倾角，使切屑流向待加工表面，避免划伤已加工表面。精车后尺寸公差等级为 IT6 ~ IT8，表面粗糙度 R_a 为 1.6 ~ 0.8 μm，精车常作为高精度有色金属零件外圆面的终加工。

二、车端面

端面车削主要用于回转体零件（如轴、套、盘等）端面的加工。车端面使用的车床与车外圆面的相同。对于中小型零件，一般在卧式车床上加工；而大、重型零件在立式车床上加工，如图 2.12 所示。

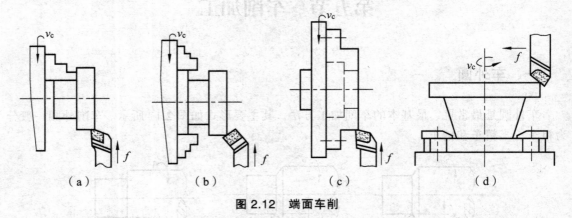

（a）　　　　　　（b）　　　　　　（c）　　　　　　（d）

图 2.12　端面车削

车端面可以从端面外向中心或从中心向端面外加工。不管采用哪种方式，车刀的刀尖都必须准确地安装在回转中心的高度上，避免车出的断面留下小凸台。切削时，由于切削速度由外向中心会逐渐减小，影响表面粗糙度，因此工件转速要高些。在加工过程中，切削力会迫使刀具离开工件，为防止刀具的少量移动，常需把床鞍紧固到床身上。

端面车削的精度可达 IT6 ~ IT9，R_a 可达 6.3 ~ 0.8 μm。

三、车床上孔的加工

在车床上可以使用钻头、扩孔钻和铰刀等定尺寸刀具加工孔，也可使用镗孔的车刀镗孔。

（1）钻孔、扩孔和铰孔。在车床上钻孔时，钻头装在尾座的套筒里，转动尾座手轮使套筒带着钻头移动实现进给；若把扩孔钻或铰刀装在尾座套筒里，也可进行扩孔或铰孔加工。在车床上钻孔、扩孔和铰孔时，应在工件一次装夹中，同时完成与外圆面、端面的加工，以保证内外圆表面的同轴度及孔轴线与端面的垂直度。

（2）车孔。毛坯或工件已有的孔，若需进一步加工时，可在车床上车孔。车孔车刀的刀柄受孔径的限制。刀杆越细，伸出量越长，刚性越差。因此，车孔加工应采用较小的切削用量（吃刀深度和进给量是车外圆的 $1/2 \sim 1/3$，切削速度是车外圆的 $80\% \sim 90\%$）。车孔的加工质量和生产率都不如车外圆。

常用内孔车刀如图 2.13 所示。一般前角较大，后角比车外圆时大些，以减少后刀面与孔壁的摩擦。为增强刀头强度，一般磨出两个后刀面，如图 2.13（c）所示；为减少径向力，防止振动，主偏角应取较大值。安装车刀时，粗车刀刀尖比工件中心稍低些，以增大前角；精车刀刀尖比工件中心稍低些，以增大后角。

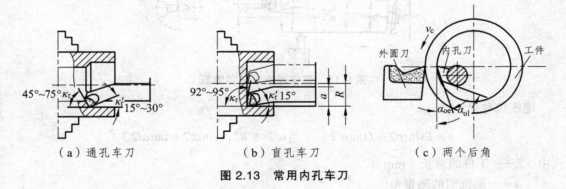

|（a）通孔车刀|（b）盲孔车刀|（c）两个后角|

图 2.13 常用内孔车刀

车孔多用于单件小批量生产中加工盘套类零件中心位置的孔、轴类零件的轴向孔及小支架的支承孔等。粗车孔的尺寸公差等级为 IT11 ~ IT13，表面粗糙度 R_a 为 50 ~ 12.5 μm；半精车孔为 IT9 ~ IT10，R_a 为 6.3 ~ 3.2 μm；精车孔为 IT7 ~ IT8，R_a 为 1.6 ~ 0.8 μm。

四、车 断

车断刀较窄较长，刚度和强度差，易引起振动，车断刀工作时受工件、切屑的包围，散热条件差，排屑困难。所以，切削条件差，易损坏刀具。

车断方法有正车车断与反车车断两种。正车车断时，刀具对工件的作用力与重力对工件的作用相反，易引起振动和折断刀具。在切断大而重的工件时，常用反车车断法，车断刀做成弓形，反向装在刀架上（见图 2.14）。刀具对工件的作用力与工件重力方向一致，可使主轴旋转时的轴承间隙减小，减轻振动。另外刀具刃口向下，可防止受力扎入工件，排屑容易，不易损坏刀具。反车车断时，卡盘应有防松装置，刀架应有足够的强度。

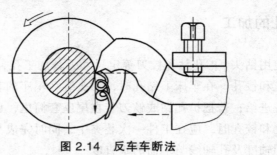

图 2.14   反车车断法

五、车圆锥面

车圆锥面的方法主要有以下几种：

（1）偏移尾座法。车削时将工件安装在两顶尖之间，尾座偏移一定距离 s，使工件轴线与主轴轴线相交成 $\alpha/2$ 角，车刀纵向自动进给即可车出圆锥面，如图 2.15 所示。

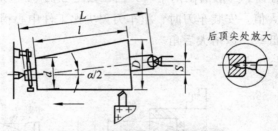

图 2.15   偏移尾座法车圆锥面

尾座偏移量

$$s = L\sin\alpha/2 = L\tan\alpha/2 \quad （当 \alpha/2 < 8°时，\sin\alpha/2 \approx \tan\alpha/2）$$

式中 L——工件的总长（mm）；

  α——圆锥面的圆锥角。

偏移尾座法能实现自动进给，加工的圆锥面粗糙度值较小、锥面较长。但不能车锥度较大的圆锥面，也不能车圆锥孔。另外，调整尾座费时，顶尖磨损不均匀（可用球面顶尖改善）。故此法适于单件小批量生产锥度较小（$\alpha < 16°$）、锥面较长的外圆锥面。

（2）转动小滑板法。将小滑板转到与工件轴线成半锥角后固定，用小滑板进给车出圆锥面，如图 2.16 所示。

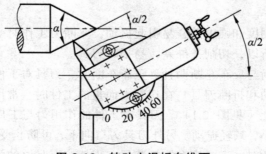

图 2.16   转动小滑板车锥面

此法调整简单，操作方便，还能车锥孔。但不能自动进给，所车圆锥面的长度受小滑板行程的限制不能太长，锥面也比较粗糙。所以，转动小滑板法用于加工长度较短（<100 mm）、锥度较大的圆锥面。

（3）靠模法。它是利用锥度靠模装置，在车刀纵向进给的同时，产生横向进给，两个方向的合成运动使刀具运动轨迹与工件轴线呈半锥角$\alpha/2$，从而车出锥面。

在图 2.17 中，靠模装置的底座 1 固定在车床床身上。装在底座上的靠模板 2 可绕中心轴线旋转到与工件轴线成半锥角$\alpha/2$，靠模板内的滑块 4 可沿靠模板滑动，滑块与中滑板用螺钉压板固连在一起，为使中滑板能横向自由移动，需将中滑板横向进给丝杠与螺母脱开，同时将小滑板转过 90°作吃刀用。当床鞍纵向进给时，滑块既纵向移动，又带动中滑板做横向移动，使车刀运动方向平行于靠模板，加工出锥面半角等于靠模板转角$\alpha/2$的锥面。

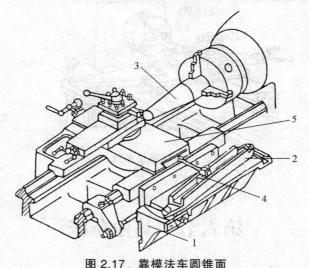

图 2.17 靠模法车圆锥面
1—底座；2—靠模板；3—工件；4—滑块；5—中滑板

靠模法车圆锥面能自动进给，加工锥面粗糙度与车外圆面相当，可车削内外、长短圆锥面，但当工件斜面角度大于12°时，滑块在靠模板内的滑动阻力较大，车削困难。故靠模法适于小锥度工件的批量生产。

（4）宽刀法。如图 2.18 所示，安装车刀时，使平直的刀刃与工件轴线的夹角等于锥面的半锥角。切削时，车刀做横向（或纵向）进给。这种加工方法要求工艺系统的刚性好，否则易引起振动。加工面粗糙度与车刀刃磨质量及加工中振动程度有关。宽刀法适于大批量生产中车削较短的锥面。

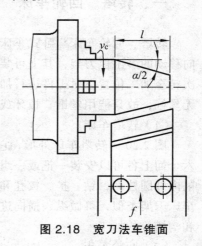

图 2.18 宽刀法车锥面

六、车成形面

（1）双手控制法车成形面。用双手操纵中、小滑板（或床鞍、中滑板），使刀尖轨迹与工件母线形状相符，车出成形面。此法不需专用刀具和辅助工具，但需熟练的操作技巧，且生产率低。

（2）成形刀法车成形面。采用刀刃形状与工件成形面母线形状相同的成形车刀，车削时，刀具只作横向进给。由于刀刃较宽，切削时易引起振动，应采用较低的切削速度和较小的进给量，夹具和工件应有足够的刚度。这种加工方法操作难度小，工件形状准确，生产率高，但刀具成本高，故适于成批生产中加工较短的成形面。

（3）靠模法车成形面。用靠模车成形面与用靠模车锥面类似，只需将锥度靠模换成曲线靠模即可，如图 2.19 所示。曲线靠模板和托架固定在床身上，滚柱与拉板相连，当床鞍做纵向运动时，滚柱在靠模板的曲线槽内移动，使车刀也随着曲线移动，即可车出工件的成形面。靠模工作时，应将中滑板进给丝杠与螺母脱开，小滑板转过 90°。这种方法加工成形面精度较高，生产率也较高，常用于成批大量生产轴向尺寸较长、曲率不大的成形面。

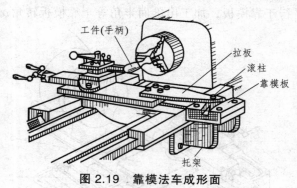

图 2.19　靠模法车成形面

第六节　其他车床

一、转塔、回轮车床

转塔、回轮车床与卧式车床的区别是没有尾座和丝杠，而在尾座的位置上装有一个能纵向移动的多工位刀架，其上可装很多刀具。在加工中，多工位刀架可以转位，将不同刀具依次转至加工位置，对工件进行加工。转塔、回轮车床能完成卧式车床上的各种加工工序。因无丝杠，故只能用丝锥、板牙或螺纹梳刀等来加工螺纹。

（1）转塔车床。

图 2.20 为转塔车床外形，它具有一个可绕垂直轴线转位的转塔刀架，一般为六边形，在六个面上各可以安装一把或一组刀具进行切削。转塔刀架通常只能做纵向进给运动，用于车削内外圆柱面，钻、扩、铰孔和车孔，攻螺纹和套螺纹等。转塔车床前后刀架的结构与卧式车床刀架类似，可做纵、横向进给运动。转塔车床主要用于大直径的圆柱面、成形面、端面和沟槽等的加工。

（2）回轮车床。

回轮车床与转塔车床的不同之处是有一个较大的回轮刀架，如图 2.21 所示。回轮刀架的轴线与主轴轴线平行，任何一个装刀孔转到最上面的位置时，其轴线与主轴轴线在同一直线上。

回轮刀架可沿床身导轨纵向移动，也可靠回轮刀架绕本身轴线缓慢转动来实现横向进给，故没有横刀架。回轮刀架可装 12～16 把刀具，以便加工形状复杂而尺寸不大的工件。

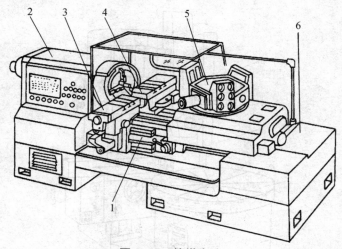

图 2.20 转塔车床

1—进给箱；2—主轴箱；3—前刀架；4—后刀架；5—转塔刀架；6—液压装置

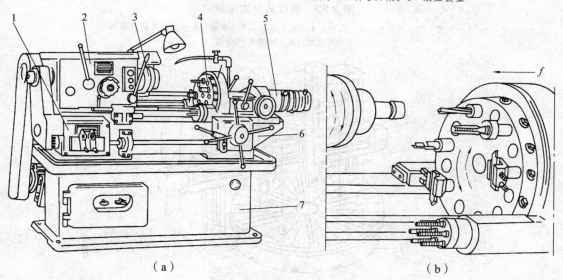

（a）　　　　　　　　　　（b）

图 2.21 回轮车床

1—进给箱；2—主轴箱；3—夹料夹头；4—回轮刀架；5—挡块轴；6—床身；7—底座

二、立式车床

立式车床用于加工直径大、轴向尺寸小的重型工件。立式车床分为单柱式和双柱式两种。加工直径不太大的工件用单柱式立式车床（见图 2.22）；加工直径大的工件用双柱式立式车床（见图 2.23）。如图 2.22 所示，加工时工件装夹在工作台 2 上，由工作台带动工件做旋转主运动，进给运动由垂直刀架 4 和侧刀架 7 实现。侧刀架 7 可以在立柱导轨上垂直进给，又可沿刀架滑座导轨横向进给；垂直刀架4也可在横梁5上做横向进给。中小型立车的垂直刀架常用转塔刀架，以便安装几组刀具。

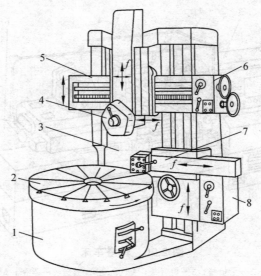

图 2.22 单柱式立式车床

1—底座；2—工作台；3—立柱；4—垂直刀架；5—横梁；6—垂直刀架进给箱；
7—侧刀架；8—侧刀架进给箱

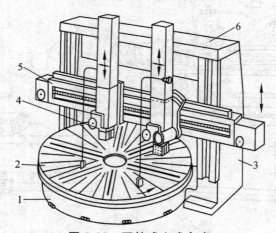

图 2.23 双柱式立式车床

1—底座；2—工作台；3—立柱；4—垂直刀架；5—横梁；6—顶梁

习 题

1. 车削能完成哪些工作？试述其加工工艺特点。
2. 车床主要由哪几部分组成？各部件有何作用？
3. 试分析 CA6140 型卧式车床的传动系统。
（1）指出各条传动路线的起始元件和末端元件；

（2）写出各传动路线的传动表达式；

（3）计算出主轴正（反）转时的各种转速。

4. 车床上装夹工件主要有哪几种方法？其特点如何？各适用于什么场合？

5. 车圆锥面有哪几种方法？各有何特点？各适用于哪些场合？

6. 车成形面有哪些方法？各种方法有何特点？各用于什么场合？

7. 端面车削与车断有什么本质区别？

8. 在车床上钻孔与在钻床上钻孔有何不同？

9. 试述转动小滑板法车圆锥面的特点及应用范围。

10. 当工件各表面有较高位置精度要求时，为什么必须在一次装夹中车削？

11. 立式车床、转塔车床和回轮车床各适用于什么零件的加工？

第三章　钻削与镗削加工

旋转体工件的中心孔通常在车床上加工；非旋转体工件上的孔以及旋转体工件上非中心位置的孔，通常在钻床和镗床上加工。

第一节　钻削加工

一、钻　床

钻床是主要用钻头在工件上加工孔的机床。钻床的加工方法及所需的运动如图 3.1 所示。

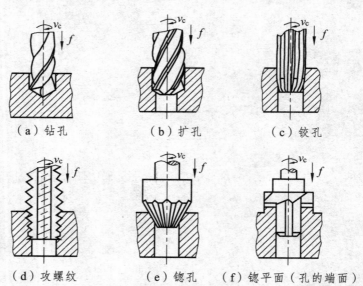

（a）钻孔　　　　　　（b）扩孔　　　　　　（c）铰孔

（d）攻螺纹　　　　（e）锪孔　　（f）锪平面（孔的端面）

图 3.1　钻床的加工方法

常用的钻床有台式钻床、立式钻床和摇臂钻床等。

1. 立式钻床

图 3.2 所示为立式钻床的外形图，主要由工作台 1、主轴 2、进给箱 3、变速箱 4、立柱 5 和底座 6 等部分组成。

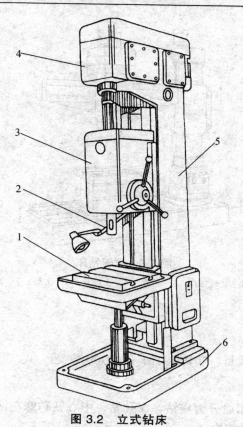

图 3.2　立式钻床

1—工作台；2—主轴；3—进给箱；4—变速箱；5—立柱；6—底座

加工时，工件直接或利用夹具安装在工作台上，主轴既旋转又做轴向进给运动。进给箱3、工作台 1 可沿立柱 5 的导轨上下调整位置，以适应加工不同高度的工件。由于立钻的主轴和工作台都不能沿纵横方向移动，当第一个孔加工完成后再加工第二个孔时，需要重新装夹工件，使刀具旋转中心对准被加工孔的中心。因此对于大而重的工件，操作不方便。它适用于中小工件的单件、小批量生产。

立式钻床与台式钻床相比，其刚性好，功率大，因而允许采用较大的切削用量，可自动走刀，生产效率较高，主轴的转速和进给量变化范围大，加工精度也较高。

2. 摇臂钻床

图 3.3 所示为摇臂钻床的外形图。主轴箱装在摇臂上，可沿摇臂上导轨做水平移动。摇臂套装在外立柱上，可沿外立柱上下移动，以适应加工不同高度工件的要求。此外，摇臂还可随外立柱绕内立柱在 180°范围回转，因此主轴很容易调整到所需要的加工位置。摇臂钻床还具有立柱、摇臂及主轴箱的夹紧机构，当主轴的位置调整确定后，可以快速将它们夹紧。

摇臂钻床具有结构简单、操纵方便、工作适应性强等特点，适用于单件和中、小批生产加工大、中型零件。

除上述钻床外，还有深孔钻床、排式多轴钻床、可调式多轴立式钻床、十字架工作立式钻床和数控钻床等。

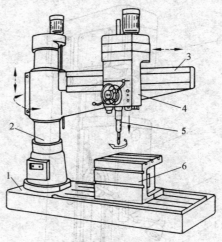

图 3.3　摇臂钻床

1—底座；2—立柱；3—摇臂；4—主轴箱；5—主轴；6—工作台

二、钻　孔

钻孔是利用钻头在金属材料实体上加工孔的方法。

1. 麻花钻

钻头按其结构特点和用途分为扁钻、深孔钻、中心钻和麻花钻等，生产中使用最多的是麻花钻。图 3.4 为麻花钻的结构。

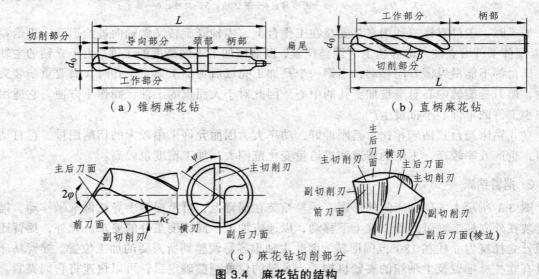

（a）锥柄麻花钻　　　　　　　　　　　（b）直柄麻花钻

（c）麻花钻切削部分

图 3.4　麻花钻的结构

（1）麻花钻由工作部分、颈部和柄部组成。

工作部分由切削部分和导向部分组成。切削部分起切除金属的作用，其上有两个前刀面、两个后刀面和两个副后刀面，两前刀面与两后刀面的交线为两主切削刃；两前刀面与刃带交线为两副切削刃；两后刀面在钻心处相交形成横刃。

导向部分在钻削时起到保持钻头正确方向和修光的作用。为了便于排屑，麻花钻上有两个螺旋容屑槽，因此，钻头前刀面是螺旋面，后刀面做成圆锥面或螺旋面的一部分。

颈部用来连接柄部和工作部分，并供磨外径时砂轮退刀和打印钻头标记。

柄部用来与机床连接和传递转矩。钻头直径在 $\phi12$ mm 以上制成莫氏锥柄；在 $\phi12$ mm 以下制成圆柱柄。

（2）麻花钻的主要几何角度：

螺旋角 β：螺旋线展开成直线后与钻头轴线的夹角。增大螺旋角有利于排屑，能获得较大前角，使切削轻快，但钻头刚性变差。标准麻花钻的螺旋角为 $18°\sim30°$。

锋角 2φ：两主切削刃在其平行平面上投影之间的夹角。较小的锋角在钻削时轴向力小，容易切入工件，但刀尖散热条件差。标准麻花钻的锋角为 $118°\pm2°$。

横刃斜角 ψ：主切削刃与横刃在垂直于钻头轴线的平面上投影之间的夹角。横刃斜角 ψ 增大，使横刃变短，轴向力减小。标准麻花钻横刃斜角为 $50°\sim55°$。

2. 钻　孔

（1）钻孔的工艺特点。

钻头为定尺寸刀具，用麻花钻最大钻孔直径为 $\phi80$。因钻头刚度差，会影响孔的加工精度。钻削又是一种半封闭切削，切屑变形大，排屑困难，难于冷却润滑；钻削温度较高，钻深孔时应经常退出钻头，以便排屑和冷却；钻削吃刀深度大（钻头直径的一半），切削力较大，钻头容易磨损。

（2）钻孔工艺的应用。

钻孔属于粗加工，加工精度为 IT9～IT13，表面粗糙度 R_a 为 $12.5\sim3.2$ μm，多用于螺栓孔、油孔的加工。

三、扩　孔

扩孔是用扩孔钻等工具对工件上已有的孔进行扩大加工。扩孔钻的结构形式如图 3.5 所示。扩孔钻与麻花钻比较，刀齿数较多（通常有 3～4 个刀刃），无横刃。故扩孔时导向性好，轴向抗力小。扩孔钻钻心粗壮，刚性较好，切削过程较为平稳。

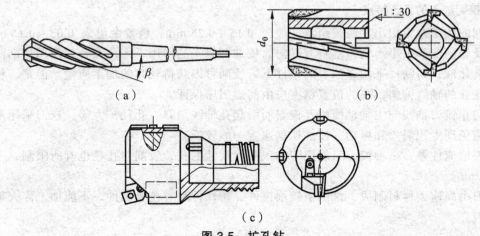

（a）　　　　　　　　　　　（b）

（c）

图 3.5　扩孔钻

扩孔属于半精加工，精度可达 IT9 ~ IT11，表面粗糙度 R_a 为 6.3 ~ 3.2 μm。生产率及加工质量均比用麻花钻钻孔时高。它既可用作孔的最终加工，也可作为高精度孔的预加工。

四、铰　孔

铰削是用铰刀从工件的孔壁上切除微量的金属层，使被加工孔的精度和表面质量得到提高，它使用铰刀进行孔的精加工。

1. 铰　刀

铰刀可以分为手用铰刀和机用铰刀。手用铰刀一般多为直柄，直径范围 1 ~ 50 mm，其工作部分较长，锥角较小，导向作用好，可防止铰刀歪斜。机用铰刀有锥柄和直柄两种（多为锥柄），可安装在钻床、车床和镗床上铰孔。

铰刀结构形状如图 3.6 所示，由柄部、颈部和工作部组成。工作部包括切削部分和校准部分。切削部分担任主要的切削工作，校准部分起导向、校准和修光的作用。为减少校准部分刀齿与已加工孔壁的摩擦，并防止孔径扩大，校准部分的后端为倒锥形状。

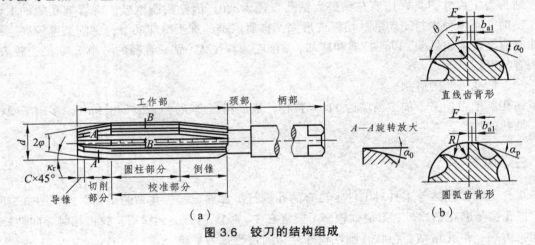

图 3.6　铰刀的结构组成

2. 铰削加工的工艺特点

铰削的加工余量很小（粗铰余量一般为 0.15 ~ 0.25 mm，精铰余量为 0.05 ~ 0.15 mm），切削力及切削变形很小。铰刀本身有导向、校准和修光的作用，因此在合理使用切削液（钢件采用乳化液，铸铁件采用煤油）的条件下，铰削可以获得较高的加工质量。但是，铰削不能校正底孔的轴线偏斜，孔的位置精度应由前道工序保证。

为防止铰刀轴线与主轴轴线相互偏斜而引起孔轴线歪斜、孔径扩大等，铰刀采用浮动连接。为避免产生积屑瘤和振动，铰削切削速度一般较低。

铰刀适应性差，一种铰刀只能用于加工一种尺寸的孔，铰削对孔径也有所限制，一般应小于 80 mm。

铰刀由高速钢材料制成，常用于铰削钢件、铸铁件和有色金属件，不能加工淬火钢和高硬度材料。

　　铰孔属于精加工，一般应在半精加工的基础上进行。铰削的精度一般可达 IT7~IT9（手铰可达 IT6），表面粗糙度 R_a 可达 $1.6~0.4\ \mu m$。

第二节　镗削加工

一、镗　床

　　镗床是用于加工孔的机床，与钻床相比，镗床一般用来加工直径较大或精度较高的孔，尤其是位置精度（同轴度、垂直度、平行度）要求较高的孔。因此镗床特别适用于加工箱体零件上的同轴孔，互相平行或互相垂直的孔，以及机架等结构复杂、尺寸较大的零件上的孔。

　　镗床的主要类型有卧式镗床、坐标镗床和金刚镗床等，其中以卧式镗床应用最广。图 3.7 所示为卧式镗床的主要加工方法。

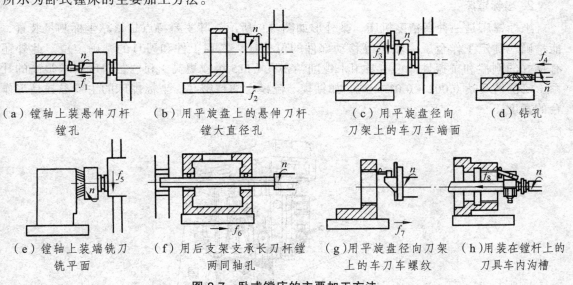

（a）镗轴上装悬伸刀杆　　　（b）用平旋盘上的悬伸刀杆　　　（c）用平旋盘径向　　　（d）钻孔
　　　镗孔　　　　　　　　　　　镗大直径孔　　　　　　　　刀架上的车刀车端面

（e）镗轴上装端铣刀　　　（f）用后支架支承长刀杆镗　　　（g）用平旋盘径向刀架　　　（h）用装在镗杆上的
　　铣平面　　　　　　　　　两同轴孔　　　　　　　　上的车刀车螺纹　　　　刀具车内沟槽

图 3.7　卧式镗床的主要加工方法

1. 卧式镗床

　　图 3.8 所示为卧式镗床的外形图，它由床身 10、主轴箱 8、前立柱 7、带后支承的后立柱 2、下滑座 11、上滑座 12、工作台 3、径向导轨 4 和后支承架 1 等部件组成。

　　加工时，刀具安装在主轴 6 或平旋盘 5 上做回转（由主轴箱提供各种转速）主运动。主轴箱 8 可沿前立柱 7 上下移动。工件安装在工作台 3 上，可与工作台一起随上、下滑座 12 和 11 做纵向或横向移动。此外工作台还可绕上滑座 12 的圆导轨在水平面内调整至一定的角度，以便加工互成一定角度的孔与平面。装在主轴上的镗刀还可随主轴做轴向进给或调整镗刀的轴向位置。当刀具装在平旋盘 5 的径向刀架上时，径向刀架可带着刀具做径向进给，这时可以铣端面。卧式镗床的主参数是镗轴直径。

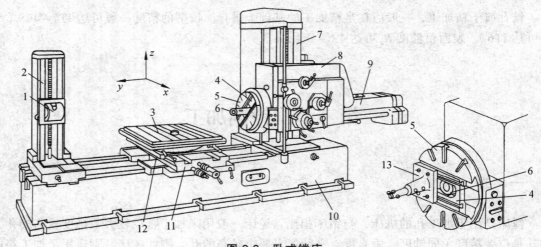

图 3.8　卧式镗床

1—后支承；2—后立柱；3—工作台；4—径向导轨；5—平旋盘；6—主轴；7—前立柱；
8—主轴箱；9—尾筒；10—床身；11—下滑座；12—上滑座；13—刀座

2. 坐标镗床

坐标镗床是一种高精度机床，其外形如图 3.9 所示。其主要特点是依靠坐标测量装置，能精确地确定工作台、主轴箱等移动部件的位移量，实现工件和刀具的精确定位。此外还有良好的刚性和抗振性。它主要用来镗削精密孔（IT5 级或更高）和位置精度要求很高的孔系（定位精度达 0.002 ~ 0.01 mm），如钻模、镗模上的精密孔。坐标镗床的主要参数是工作台的宽度。

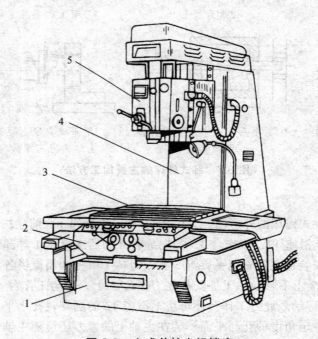

图 3.9　立式单柱坐标镗床

1—底座；2—滑座；3—工作台；4—立柱；5—主轴箱

坐标镗床的工艺范围很广，除镗孔、钻孔、扩孔、铰孔、精铣平面和沟槽外，还可以进行精密刻线、划线以及进行孔距和直线尺寸的精密测量工作。

坐标镗床按其布局形式可分为立式和卧式两大类，立式坐标镗床适用于加工轴线与安装基面（底面）垂直的孔系和铣削顶面；卧式坐标镗床适用于加工轴线和安装基面平行的孔系和铣削侧面。

3. 金刚镗床

金刚镗床因以前采用金刚石镗刀而得名，但现在已广泛使用硬质合金刀具。这种机床的特点是切削速度很高，而切削深度和进给量极小，加工精度可达 IT5 ~ IT6，表面粗糙度 R_a 达 0.63 ~ 0.08 μm。金刚镗床的主轴短而粗，刚度较高，传动平稳，这是它能加工出低表面粗糙度值和高精度孔的重要条件。

这类机床广泛应用在汽车、拖拉机和航空工业中，用于成批、大量中精加工生产活塞、连杆、气缸及其他零件。

二、镗　孔

镗孔是用镗刀加工孔的切削方法。镗孔不能在实体材料上进行，必须在工件上铸、锻或钻出预制孔。

1. 镗　刀

镗刀是在车床、镗床、转塔车床、自动机床以及组合机床使用的孔加工刀具。单刃镗刀的种类如图 3.10 所示。

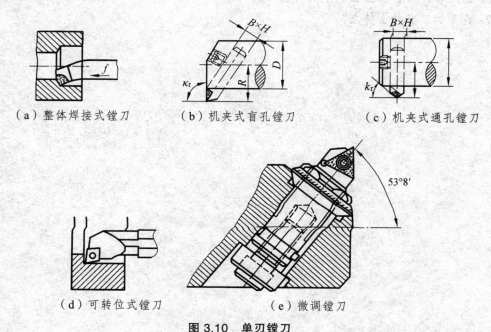

（a）整体焊接式镗刀　　（b）机夹式盲孔镗刀　　（c）机夹式通孔镗刀

（d）可转位式镗刀　　　　（e）微调镗刀

图 3.10　单刃镗刀

2. 镗孔加工

在镗床上镗孔时，主运动是刀具的旋转运动，进给运动可以是主轴的轴向或径向进给，也可以是工作台的纵向或横向进给。主轴进给（因主轴悬伸长度变化）适于加工短孔；长孔或有同轴度要求的孔系，常采用工作台进给。垂直孔系，镗完一个孔后，将工作台回转 90°再镗另一个孔，孔系间的垂直度由机床保证。对于平行孔系，镗完一个孔后，经工作台移动一个孔距（或主轴箱上下移动一个孔距），再镗另一个孔。

3. 镗削加工的特点

镗削加工工艺范围广（见图 3.7）；刀具通用性好（一把镗刀可以加工一定范围内不同直径的孔）。通过调整刀具和工件的相对位置，可以纠正原有孔的轴线偏斜。镗刀结构简单，刃磨方便，成本较低，但生产率低。

一般镗孔的加工公差等级可达 IT7 级，表面粗糙度 R_a 为 $1.6 \sim 0.8$ μm。若在高精度镗床上进行高速精镗，可达到更高要求。

习　题

1. 钻床可以进行哪些加工？
2. 钻削加工有什么特点？
3. 标准麻花钻由哪几部分组成？切削部分包括哪些几何参数？
4. 钻孔、扩孔与铰孔有什么区别？
5. 台式钻床、立式钻床和摇臂钻床各适合于什么样的零件加工？
6. 钻床和镗床在加工工艺上有什么不同？
7. 镗削加工有什么特点？

第四章 刨削、插削和拉削加工

刨削、插削和拉削加工的共同特点是主运动为直线运动，因此适于加工各种非旋转表面。不过其中拉刀为定尺寸刀具，拉削也常用来加工圆柱孔、花键孔等。

第一节 刨削与插削加工

一、刨削加工

1. 刨 床

常用刨床有牛头刨床、龙门刨床等。

（1）牛头刨床。

牛头刨床的外形如图 4.1 所示。牛头刨床在进行刨削加工时，刨刀直线往复运动做主运动，工件装夹在工作台上做横向间歇进给运动。

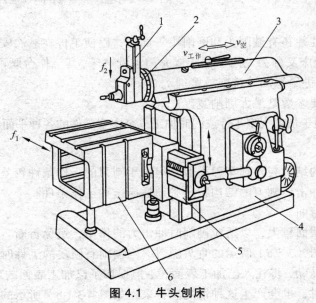

图 4.1 牛头刨床

1—刀架；2—转盘；3—滑枕；4—床身；5—横梁；6—工作台

牛头刨床的主参数是最大刨削长度。

牛头刨床适用于刨削中、小型工件的平面、沟槽或成形表面。

（2）龙门刨床。

如图 4.2 所示，龙门刨床因有一个"龙门"式框架而得名。它由床身 1、工作台 2、立柱 6、横梁 3、顶梁 5、立刀架 4、侧刀架 9、进给箱 7 及主传动部件 8 等组成。加工时，工件装夹在工作台 2 上，工作台的往复直线运动是主运动。立刀架 4 在横梁 3 的导轨上间歇地移动是横向进给运动，用以刨削工件的水平平面。刀架上的滑板可使刨刀上、下移动，做切入运动或刨削竖直平面。滑板还能绕水平轴线调整一定的角度，以加工倾斜平面。装在立柱 6 上的侧刀架 9 可沿立柱导轨做间歇移动，以刨削竖直平面。横梁 3 可沿立柱升降，以调整工件与刀具的相对位置。

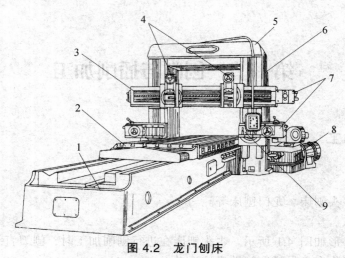

图 4.2　龙门刨床

1—床身；2—工作台；3—横梁；4—立刀架；5—顶梁；6—立柱；
7—进给箱；8—主传动部件；9—侧刀架

大型龙门刨床往往还有铣削头和磨削头等部件，以使工件在一次安装中完成刨、铣及磨平面等工作。这种机床又称为龙门刨铣床或龙门刨铣磨床，其工作台既可做快速的主运动（刨削），又可做慢速的进给运动（铣削或磨削）。

龙门刨床的主要参数是最大刨削宽度。

龙门刨床主要用于加工大型零件或同时加工多个中型零件的各种平面、沟槽和各种导轨面。

2. 刨　刀

刨刀切削部分的结构与外圆车刀类似，但由于刨刀的工作条件较差，在做直线往复主运动时会产生惯性和冲击，刨刀的结构特点必须适应这种工作条件。

（1）刀杆粗大弯曲。

刨刀刀杆的横截面较大，以适应刨削时冲击力的作用，避免折断。此外，刨刀的刀杆通常做成弯曲的。如图 4.3（a）所示的直头刨刀，当刨削有硬皮的工件时，碰到工件表面上的硬点，刀尖绕 O 点转动，将扎入已加工表面，不但损坏了已加工表面的质量，还会损坏刀具，刨削深度突然增大时，也会产生这种情况。若采用如图 4.3（b）所示的弯头刨刀，则当切削力突然增大时，刀杆产生的弯曲变形会使刀尖离开工件，从而避免刀尖扎入工件。

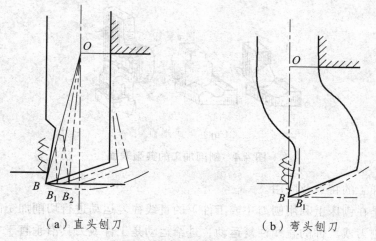

（a）直头刨刀　　　　　　　（b）弯头刨刀

图 4.3　刨刀刀杆形状

（2）较小的前角和负的刃倾角。

刨刀的几何角度选取原则基本上与车刀相同。但由于刨削过程有冲击，需要增加刀刃的强度，刨刀的前角应比车刀的前角小。为了使刨刀在切入工件时产生的冲击力远离刀尖，刨刀的刃倾角应采用较大的负值。

3. 刨削加工

（1）刨削加工工艺范围。

刨削加工主要用于加工平面（如水平面、平行面、垂直面、台阶面、斜平面等）、直线形沟槽（如 V 形槽、T 形槽、燕尾槽）及直线为母线的成形表面等，如图 4.4 所示。

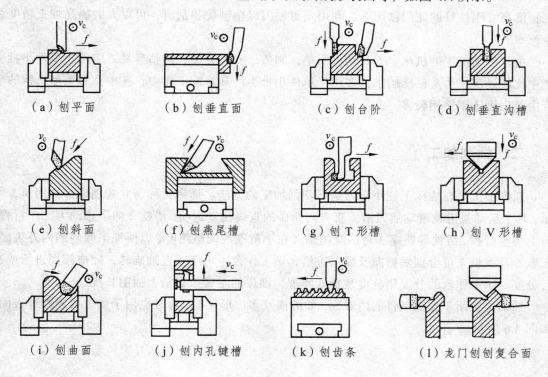

（a）刨平面　　　　（b）刨垂直面　　　　（c）刨台阶　　　　（d）刨垂直沟槽

（e）刨斜面　　　　（f）刨燕尾槽　　　　（g）刨 T 形槽　　　　（h）刨 V 形槽

（i）刨曲面　　　　（j）刨内孔键槽　　　　（k）刨齿条　　　　（l）龙门刨刨复合面

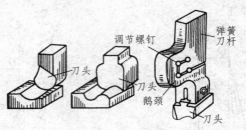

（m）刨成形面

图 4.4　刨削加工的典型表面

（2）刨削加工的特点及应用。

刨削加工是在刨床上利用刨刀（或工件）的直线往复运动进行切削加工的一种方法。刨削的主运动是刨刀或工件的直线往复运动，进给运动是工件或刀具沿垂直于主运动方向所做的间歇运动。刨削加工是单程切削加工，返程时刨刀需抬起让刀。刨刀切削工件时的行程称为工作行程，返程时称为空行程。由于主运动在换向时必须克服运动件的惯性，限制了切削速度和空行程速度的提高，而且由于机床在空行程时不切削，因此在大多数情况下刨削加工的生产率较低。

加工质量中等。刨削可分为粗刨和精刨，精刨后的表面粗糙度 R_a 可达 3.2 ~ 1.6 μm，两平面之间的尺寸精度可达 IT7 ~ IT9，直线度可达 0.04 ~ 0.12 mm/m。刨削加工的精度、表面粗糙度不如车削。加工大平面时，刨削进给运动可不停地进行，刀痕均匀，表面粗糙度值较小。

刨削加工可以保证一定的相互位置精度，所以非常适合于加工箱体、导轨等平面。尤其在精度高、刚性好的龙门刨床上，利用宽刃刨刀以精刨代替刮研，可以大大提高加工精度和生产率。

由于刨削加工的机床、刀具结构简单，制造、安装方便，调整容易，应用于单件小批生产中比较经济。牛头刨床刨削，多用于单件小批生产和修配工作中；在中型和重型机械的生产中龙门刨床则使用较多。

二、插削加工

插削加工是在插床上使用插刀进行切削加工的方法。插床又称为立式刨床，如图 4.5 所示。其主运动是滑枕带动插刀沿垂直方向所做的直线往复运动，滑枕 2 向下移动为工作行程，向上为空行程。滑枕导轨座 3 可以绕销轴 4 在小范围内调整角度，以便加工倾斜的内外表面。床鞍 6 及溜板 7 可分别做横向及纵向进给，圆工作台 1 可绕垂直轴旋转，完成圆周进给或进行分度。圆工作台的分度用分度装置 5 实现。插床的主参数是最大插削长度。

插削主要用于加工工件的内表面，如键槽及多边形孔等，有时也用于加工成形内外表面，如图 4.6 所示。

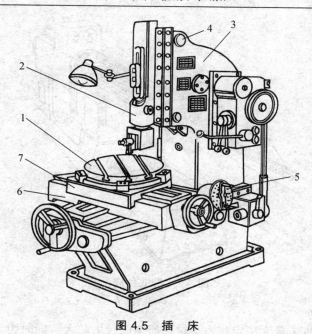

图 4.5 插 床

1—工作台；2—滑枕；3—导轨座；4—销轴；5—分度装置；6—床鞍；7—溜板

（a）孔内单键槽 （b）花键孔 （c）方孔 （d）五边形孔 （e）扇形齿轮

图 4.6 插削表面举例

第二节 拉削加工

拉削加工是在拉床上使用专用拉刀进行切削加工的方法。拉刀一次行程中可完成全部加工余量，但拉刀加工周期长、成本高，适用于大批量生产。拉削设备结构简单，可加工通孔、沟槽、平面、成形面等。

一、拉 床

拉床是用拉刀加工各种工件内外表面的机床。按结构形式，拉床分为卧式拉床和立式拉床；按所能完成的工作又分为内拉床和外拉床。应用最广泛的是卧式内拉床。

卧式拉床如图4.7所示，液压系统使主轴牵引拉刀完成切削主运动（直线移动），工件靠在床身的固定支架上，整个拉刀通过后，工件加工完毕自行落下。

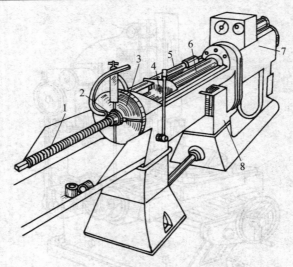

图 4.7　卧式拉床

1—拉刀；2—工件；3—固定支架；4—滑块；5—托架；6—主轴（活塞杆）；7—油缸；8—床身

拉床的主参数是机床最大额定拉力。拉床所需的拉力较大，同时为了获得平稳的且能无级调速的运动速度，拉床一般采用液压传动。

二、拉削加工

1. 拉　刀

拉刀是一种多齿的精加工刀具。根据加工表面位置不同，拉刀分为内拉刀和外拉刀。常用的内拉刀和外拉刀如图 4.8 所示。

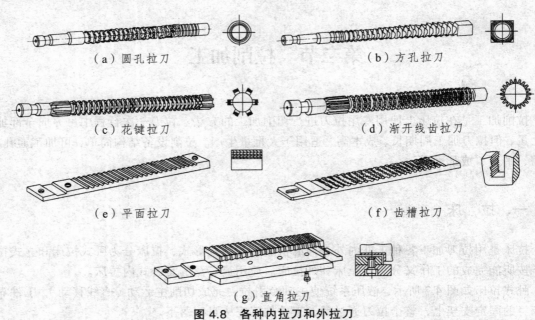

（a）圆孔拉刀　　　　　　　　　　　　（b）方孔拉刀

（c）花键拉刀　　　　　　　　　　　　（d）渐开线齿拉刀

（e）平面拉刀　　　　　　　　　　　　（f）齿槽拉刀

（g）直角拉刀

图 4.8　各种内拉刀和外拉刀

拉刀的组成如图 4.9 所示。

（1）前柄部：拉刀的夹持部分，用于传递拉力。

（2）颈部：柄部与过渡锥的连接部分，也是打标记的地方。

（3）过渡锥：用于引导拉力逐渐进入工件孔中，起对准中心的作用。

（4）前导部：起导向作用，防止拉刀歪斜。

（5）切削部：担负全部余量的切削工作，由粗切齿、过渡齿和精切齿三部分组成，各齿依次逐渐增大。

（6）校准部：起修光和校准作用，也起提高加工精度和表面质量的作用，并可作为精切齿的后备齿，各齿形及尺寸完全一致。

（7）后导部：用以保证拉刀最后的正确位置，防止拉刀的刀齿在切离后因下垂而损坏已加工表面或刀齿。

（8）后柄部：用作大型拉刀的后支承，防止拉刀下垂。一般只有又长又重的拉刀才有后柄部。

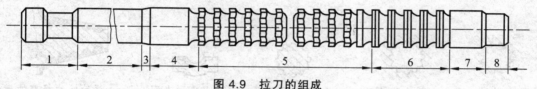

图 4.9　拉刀的组成

1—前柄部；2—颈部；3—过渡锥；4—前导部；5—切削部；6—校准部；7—后导部；8—后柄部

2. 拉削加工特点与应用

拉削加工是一种只有主运动而没有专门进给运动的加工方式。拉削过程如图 4.10 所示。

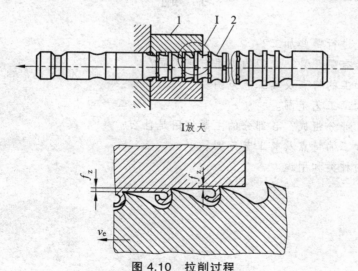

I放大

图 4.10　拉削过程

由于拉刀的工作部分有粗切齿、精切齿和校准齿，工件加工表面在一次行程中经过粗切、精切和校准加工，一次走刀即可完成加工，因此拉削加工的生产率高。

拉刀的制造精度很高，校准齿对孔壁有修光和校准作用，且拉削液压传动加工平稳，每一刀齿只切除很薄的金属层，切削负荷小。因此拉削的工件可以获得较高的精度。拉削加工精度可达 IT6～IT7，表面粗糙度 R_a 可达 3.2～0.4 μm。

拉刀耐用度高，但是结构复杂、制造成本高。而且一把拉刀只能加工一种尺寸的工件，所以拉削主要应用于大批量生产的场合。拉削可以加工各种形状的直通孔、平面及成形表面等，特别适于成形内表面的加工。如图 4.11 所示为适于拉削的一些典型表面形状。

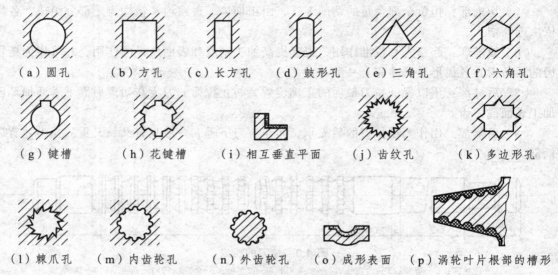

（a）圆孔　　（b）方孔　　（c）长方孔　　（d）鼓形孔　　（e）三角孔　　（f）六角孔

（g）键槽　　（h）花键槽　　（i）相互垂直平面　　（j）齿纹孔　　（k）多边形孔

（l）棘爪孔　　（m）内齿轮孔　　（n）外齿轮孔　　（o）成形表面　　（p）涡轮叶片根部的槽形

图 4.11　拉削的典型表面形状

习　题

1. 在刨床上能进行哪些加工？
2. 常用的刨床有哪几种？它们的应用有何不同？
3. 试述刨削加工的特点及其工艺范围。
4. 说明插削加工工艺范围。
5. 拉刀由哪几部分组成？各部分的主要作用是什么？
6. 试述拉削加工的特点及其工艺范围。
7. 试述拉刀的种类和用途。

第五章 铣 削

铣削是以铣刀旋转做主运动，工件或铣刀做进给运动的切削加工方法。铣削加工的切削速度高，同时铣刀是多齿刀具，故生产率高，是机械加工中广泛应用的切削加工方法之一。

第一节 铣 床

一、铣床的主要工作和运动

铣床的主要工作是铣削平面或沟槽。铣床通常以铣刀的旋转运动和工件的移动作为机床的成形运动。使用分度头、回转工作台等铣床附件，还可以作转动进给。因此，铣床加工范围之广是其他加工方法无法相比的。铣床的主要工作及工件与刀具的运动形式如图 5.1 所示。

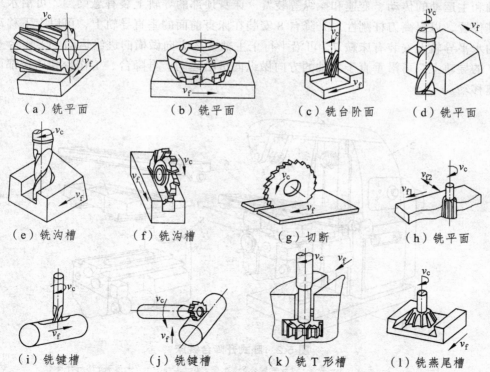

（a）铣平面	（b）铣平面	（c）铣台阶面	（d）铣平面
（e）铣沟槽	（f）铣沟槽	（g）切断	（h）铣平面
（i）铣键槽	（j）铣键槽	（k）铣T形槽	（l）铣燕尾槽

（m）铣 V 形槽　　　（n）铣成形面　　　（o）铣型腔　　　（p）铣螺旋面

图 5.1　铣床的主要工作和运动

二、铣床的种类

铣床的种类较多，主要有升降台铣床、工作台不升降铣床、龙门铣床等。除此之外还有仿形铣床、仪表铣床和各种专门化铣床（钻头铣床、凸轮铣床等）。

1. 升降台铣床

升降台铣床是铣床中应用最广泛的一种类型。这类铣床的特点是，具有能沿床身垂直导轨上下移动的升降台，工作台可以实现在相互垂直的三个方向上调整位置和完成进给运动。加工时，安装铣刀的主轴仅做旋转运动，其轴线一般固定不动。升降台刚性较差，工作台上不能安装过重的工件，故升降台铣床只适用于加工中小型零件。

为了适应不同的工艺要求，升降台铣床又分为卧式升降台铣床、卧式万能升降台铣床、万能回转头铣床和立式升降台铣床。

（1）卧式升降台铣床。

卧式升降台铣床的主轴是水平布置，其外形如图 5.2 所示。床身 2 固定在底座 1 上，内装主轴和主运动的传动、变速和操纵等装置。床身顶部的导轨上装有悬梁 3，可沿水平方向调整其位置，以提高刀杆刚性。升降台 8 安装在床身前面的垂直导轨上，可以上下移动。升降台的水平导轨上安装有床鞍 7，可沿平行于主轴 4 的方向做横向进给运动。工作台 6 装在床鞍 7 的导轨上，可沿垂直于主轴的方向做纵向进给运动。升降台、工作台和床鞍都可以进行快速移动。

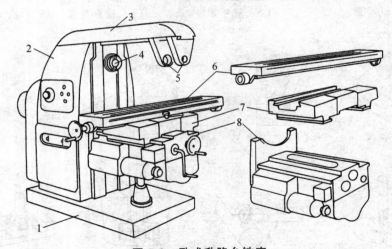

图 5.2　卧式升降台铣床

1—底座；2—床身；3—悬梁；4—主轴；5—托架；6—工作台；7—床鞍；8—升降台

卧式升降台铣床可以用圆柱铣刀、盘铣刀、成形铣刀和组合铣刀等加工平面、具有直导线的曲面和各种沟槽。

（2）万能卧式升降台铣床。

其结构与卧式升降台铣床基本相同，只是在工作台6与床鞍8之间增加了回转盘7，其外形如图 5.3 所示。回转盘可在水平面内调整一定的角度（通常允许回转的范围为 ±45°），工作台可沿回转盘上部的导轨移动。因此，当回转盘转动一定角度后，工作台的运动轨迹与主轴呈一定夹角，可以加工螺旋槽等表面。

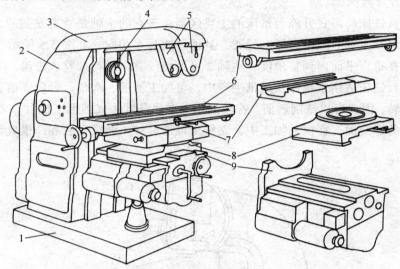

图 5.3　万能卧式升降台铣床

1—底座；2—床身；3—悬梁；4—主轴；5—托架；6—工作台；7—回转盘；8—床鞍；9—升降台

（3）万能回转头铣床。

万能回转头铣床外形如图 5.4 所示，其结构与万能卧式升降台铣床基本相同，仅在床身

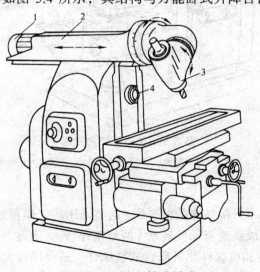

图 5.4　万能回转头铣床

1—电动机；2—滑座；3—万能铣头；4—水平主轴

顶部原来装悬梁的位置，换装成滑座 2，滑座 2 前端装有万能铣头 3，可在相互垂直的两个平面内各调整一定的角度。万能铣头由单独的电动机 1 驱动，并经装在滑座内的变速装置传动。滑座可沿横向调整位置。水平主轴 4 可单独使用，也可与万能铣头同时使用，实现多刀加工。

这类铣床除了具有万能卧式升降台铣床的全部性能外，还可以加工倾斜平面、沟槽以及孔，适合于修理车间、工模具车间，尤其是小型修配厂等。

（4）立式升降台铣床。

立式升降台铣床与卧式升降台铣床的主要区别在于它的主轴是垂直安装的，用立铣头代替卧式铣床的水平主轴、悬梁刀杆和托架，其他结构基本相同，如图 5.5 所示。立铣头 1 可根据加工要求在垂直平面内调整角度，主轴 2 可沿轴线方向进行调整或进给。

立式升降台铣床适用于单件及成批生产中，可加工平面、沟槽、台阶。由于立铣头可在垂直平面内旋转，因而可以铣削斜面。若在机床上采用分度头或圆形工作台，又可铣削齿轮、凸轮以及刀具的螺旋面。在模具加工中，立铣床最适合加工凹模型腔和凸模成形表面。

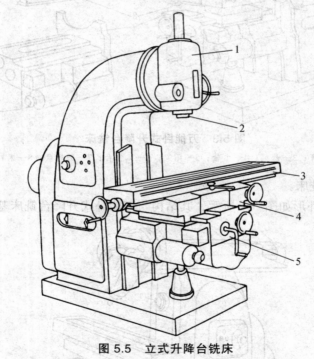

图 5.5　立式升降台铣床

1—立铣头；2—主轴；3—工作台；4—床鞍；5—升降台

2. 工作台不升降铣床

图 5.6 所示为工作台不升降铣床的外形图。这类铣床的工作台只能在固定的台座上做纵、横向移动（矩形工作台）或绕垂直轴线转动（圆形工作台），垂直方向的调整和进给运动由铣床主轴箱完成。它的刚性和抗振性比升降台式铣床好，适合用较大的切削用量加工中、小型工件的平面，适于成批大量生产。

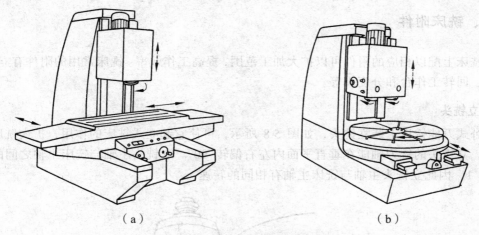

（a）　　　　　　　　　　　　（b）

图 5.6　工作台不升降铣床

3. 龙门铣床

龙门铣床是一种大型高效通用机床。当工件的尺寸较大时，宜在龙门铣床上进行加工。图 5.7 所示为龙门铣床的外形图。它在结构上呈框架式布局，具有较强的刚度及抗振性。在横梁和立柱上均安装有铣削主轴箱（铣头），通用的龙门铣床一般有 4 个铣头，横梁上装有两个立式铣削主轴箱（立铣头），横梁可以在立柱上升降，以适应工件的高度，两根立柱上分别装有卧铣头。每个铣头都是一个独立的主运动传动部件，其中包括单独的驱动电机、变速机构、传动机构、操纵机构和主轴等部分。法兰式主电机固定在铣削主轴箱（铣头）的端部。加工时，工作台带动工件做纵向进给运动，当工件从铣刀下通过后，工件就被加工出来。

龙门铣床可以对工件进行粗铣、半精铣，也可以进行精铣加工。由于龙门铣床上可以用多把铣刀同时加工几个表面，所以它的生产率很高，在成批量生产中广泛应用。

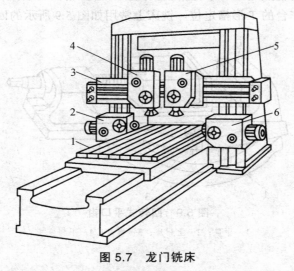

图 5.7　龙门铣床

1—工作台；2、6—水平铣头；3—横梁；4、5—垂直铣头

三、铣床附件

在铣床上配以相应的附件可以扩大加工范围，提高工作效率。铣床常用的附件有立铣头、平口钳、回转工作台和分度头等。

1. 立铣头

在卧式万能铣床上装立铣头，如图 5.8 所示，可使它起立式铣床的作用，扩大铣床的工艺范围。立铣头的铣刀轴能在垂直平面内左右偏转 90°。立铣头主轴与铣床主轴之间的传动比为 1：1，因此立铣头主轴与铣床主轴有相同的转速。

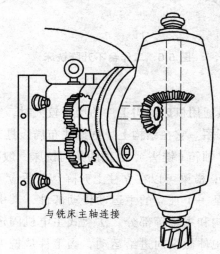

与铣床主轴连接

图 5.8　立铣头

2. 平口虎钳

铣床用平口虎钳的特点是钳口本身精度及其移动位置精度均较高，安装时可以通过其底面的两只定位键与工作台的 T 形槽定位。铣床上常用如图 5.9 所示的回转式平口虎钳。

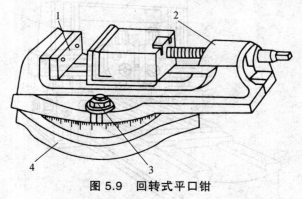

图 5.9　回转式平口钳

1—钳口；2—上钳座；3—螺母；4—下钳座

3. 回转工作台

回转工作台除了能带动安装好的工件做旋转进给运动外，还可以分度。使用回转工作台可以加工工件上的圆弧形周边、圆弧形槽、多边形以及沿周边有分度要求的槽、孔等。回转工作台有手动和机动两种。图 5.10 所示是机动回转工作台，它与手动的区别只是在手动结构的基础上多一个机械传动装置，因此机动回转工作台也可以手动。当回转工作台的转动与机床纵向进给移动按一定比例联动时，可以加工平面螺旋槽和等速平面凸轮。

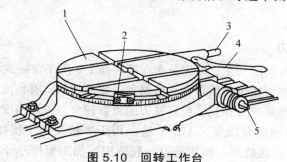

图 5.10 回转工作台

1—转盘；2—挡铁；3—传动轴；4—手柄；5—方头

4. 分度头

分度头是铣床上的主要附件，在铣削花键、离合器、齿轮、铰刀、铣刀、麻花钻头等工件时都需要利用分度头做圆周分度。图 5.11 所示为其外形及结构示意图。空心主轴上装有分度蜗轮，其前端有锥孔和定位短锥体，用来安装夹持工件用的顶尖、心轴或卡盘。后端也有锥孔，用来安装挂轮心轴。分度手柄与主轴的转速比为 40：1，分度手柄转轴上套有分度孔盘，利用分度孔盘上均布的不同孔数，可以解决分度手柄不是做整数转的分度。通过挂轮组使挂轮轴 3 与主轴发生传动联系，可以进行差动分度。若与工作台纵向进给丝杠联系起来就可以加工螺旋槽，进行直线移距分度等。常用的万能分度头有 FW125、FW200、FW250、FW320 等，其中 F 表示分度头，W 表示万能，数字表示分度头中心高。

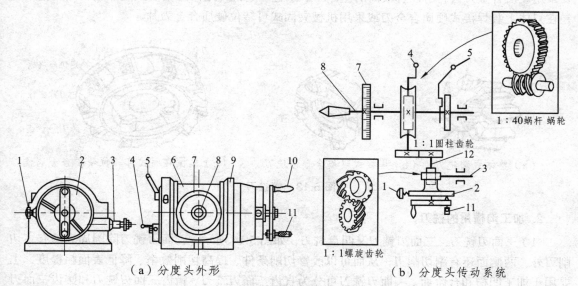

（a）分度头外形　　　　　　　　（b）分度头传动系统

图 5.11 分度头

1—螺钉；2—分度盘；3—挂轮轴；4—操纵手柄；5—锁定手柄；6—回转体；7—刻度盘；
8—主轴；9—机座；10—分度手柄；11—定位销；12—手柄轴

第二节　铣削加工

一、铣　刀

1. 加工平面用的铣刀

（1）圆柱铣刀。如图 5.12 所示，刀齿分布在圆柱面上，用于在卧式铣床上加工平面。圆柱铣刀可用高速钢制造，也可镶焊硬质合金。根据加工要求的不同有粗齿铣刀、细齿铣刀之分。同等直径的粗齿铣刀和细齿铣刀相比，粗齿铣刀的齿数较少，刀齿强度较高，容屑空间较大，用于粗加工；细齿铣刀则齿数较多，工作平稳，用于半精加工、精加工。为提高铣削加工时的平稳性，刀齿多做成螺旋形。圆柱铣刀一般适用于加工宽度小于铣刀长度的狭长平面。

（a）整体式　　　　　　　　　　（b）镶齿式

图 5.12　圆柱铣刀

（2）端铣刀。如图 5.13 所示，端铣刀的主切削刃分布在圆锥表面或圆柱表面上，端部切削刃为副切削刃，主要用在立式铣床上加工台阶面和平面，特别适合较大平面的加工。端铣刀主要采用硬质合金刀齿，所以有较高的生产率。小直径端铣刀用高速钢制成整体结构，大直径的是在刀体上装焊接式硬质合金刀或采用机械夹固式可转位硬质合金刀片。

 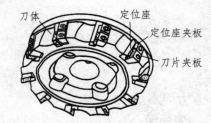

（a）整体式端铣刀　　（b）焊接式硬质合金端铣刀　　（c）机械夹固式可转位硬质合金端铣刀

图 5.13　端铣刀

2. 加工沟槽用的铣刀

（1）三面刃铣刀。三面刃铣刀又叫盘铣刀。如图 5.14 所示，三面刃铣刀除圆周表面有主切削刃外，两侧面还有副切削刃，从而可以改善切削条件、提高切削效率、降低表面粗糙度，主要用于加工凹槽和台阶面。三面刃铣刀可分为直齿三面刃铣刀、错齿三面刃铣刀和镶齿三面刃铣刀。错齿与直齿相比，具有切削平稳、切削力小、排屑容易等优点。

（a）直齿三面刃铣刀　　（b）错齿三面刃铣刀　　（c）镶齿三面刃铣刀

图 5.14　三面刃铣刀

（2）锯片铣刀。如图 5.15 所示，主要用于铣削窄槽或切断材料。

（3）立铣刀。如图 5.16 所示，立铣刀相当于带柄的、在轴端有副切削刃的小直径圆柱铣刀，因此既可做圆柱铣刀用，也可利用端部的副切削刃起端铣刀的作用；可以加工小的平面、台阶面，利用靠模还可以加工成形表面。工作时，不宜做轴向运动。

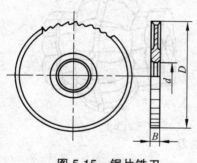

图 5.15　锯片铣刀

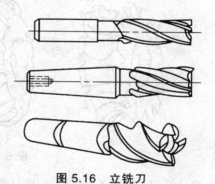

图 5.16　立铣刀

（4）键槽铣刀。如图 5.17 所示，主要用于加工轴上的键槽。图 5.17（a）所示键槽铣刀的外形与立铣刀很相似，不同的是它只有两个刀齿，端面切削刃延伸至轴心，既像立铣刀又像钻头，因此在加工两端不通的键槽时，它可以用轴向进给钻孔，然后沿键槽方向运动铣出键槽全长。图 5.17（b）所示的键槽铣刀用在轴上加工半圆键槽。

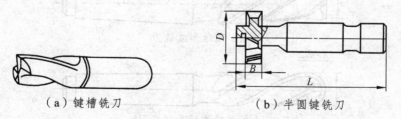

（a）键槽铣刀　　　　　　　　（b）半圆键铣刀

图 5.17　键槽铣刀

（5）角度铣刀。如图 5.18 所示，有单角铣刀和双角铣刀，用于铣削带角度的沟槽和斜面。

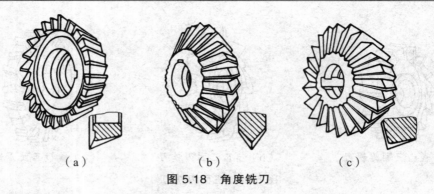

（a）　　　　　　　　（b）　　　　　　　　（c）

图 5.18　角度铣刀

3. 加工成形面的铣刀

（1）成形铣刀。成形铣刀是在铣床上加工成形表面的专用刀具，其刃形是根据工件加工表面的轮廓设计的，具有较高的生产率，并能保证工件形状和尺寸的互换性，因此得到广泛使用。图 5.19 所示为几种成形铣刀。

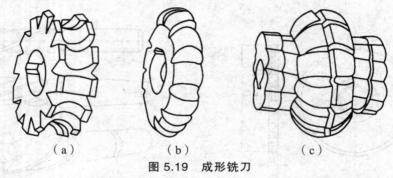

（a）　　　　　　　　（b）　　　　　　　　（c）

图 5.19　成形铣刀

（2）模具铣刀。如图 5.20 所示的模具铣刀，用于加工模具型腔或凸模成形表面，在模具制造中广泛应用。它由立铣刀演变而成，主要分为圆锥形立铣刀、圆柱形球头立铣刀和圆锥形球头立铣刀。硬质合金模具铣刀可以取代金刚石锉刀和磨头加工淬火后硬度小于 65 HRC 的各种模具，清理铸、锻、焊工件的飞边和毛刺，加工各种成形表面等。

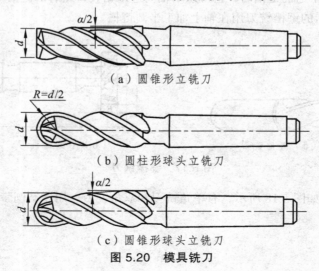

（a）圆锥形立铣刀

（b）圆柱形球头立铣刀

（c）圆锥形球头立铣刀

图 5.20　模具铣刀

二、铣削过程

1. 铣削要素

铣削要素包括铣削用量要素和铣削层要素，如图 5.21 所示。

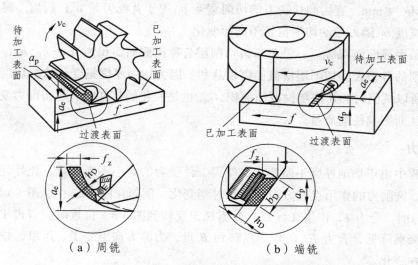

（a）周铣　　　　　　　　（b）端铣

图 5.21　铣削用量要素和铣削层要素

（1）铣削用量要素。

铣削速度 v_c：铣削时铣刀最大直径处的线速度，单位为 m/min，用计算式表示如下：

$$v_c = \frac{\pi D n}{1\,000}$$

式中　D——铣刀最大直径（mm）；

　　　n——铣刀的转速（r/min）。

进给量：铣削进给量通常有 3 种表示方法：

① 每齿进给量 f_z：铣刀每转过一个刀齿，工件在进给方向上的位移量，单位为 mm/z。

② 每转进给量 f：铣刀每转过一转，工件在进给方向上的位移量，单位为 mm/r。

③ 进给速度 v_f：单位时间内工件与铣刀间的相对位移量，单位为 mm/min。

如果铣刀的刀齿数为 z，铣刀每分钟转数为 n，则 3 种铣削进给量之间的关系为

$$v_f = fn = z f_z n$$

铣床铭牌上的进给量是用进给速度 v_f 标注的。首先，根据刀具、工件材料、铣削方式查有关工艺手册选取 f_z，再结合选定的铣刀转数 n、齿数 z，计算出 v_f，来调整铣床。

背吃刀量 a_p：在平行于铣刀轴线方向上测得的被切削层尺寸，单位为 mm。周铣时，a_p 是被加工表面宽度；端铣时，a_p 是切削层深度。

侧吃刀量 a_e：在垂直于铣刀轴线方向上测得的被切削层尺寸，单位为 mm。周铣时，a_e 是被加工表面深度；端铣时，a_e 是切削层宽度。

（2）铣削层要素。

切削层公称厚度 h_D：铣刀相邻两刀齿主切削刃所形成的过渡表面间的垂直距离，在切削层尺寸平面中测量（简称切削厚度），单位为 mm。在切削过程中 h_D 是变化的。

切削层公称宽度 b_D：铣刀主切削刃参加切削的长度，在切削层尺寸平面中测量（简称切削宽度），单位为 mm。直齿圆柱铣刀的切削宽度 b_D 等于背吃刀量 a_p；斜齿（螺旋齿）圆柱铣刀的切削宽度 b_D 随刀齿的切削位置不同而变化。

总切削层横截面面积 A_{Dtot}：铣刀每齿切削层公称横截面面积为 $A_D = h_D \times b_D$，铣削时所有同时参加切削的各刀齿的切削层横截面面积总和。因为切削厚度是变化的，切削宽度有时也是变化的，所以铣削时总切削层横截面面积 A_{Dtot} 也是变化的。这将引起切削力变化，导致铣削时振动，从而影响铣削质量。

2. 铣削力

铣削过程中由于切削厚度不断变化，使得工件受力的大小不断变化，此外，同时参加切削的刀齿数、铣削力的作用点和方向等也在时刻变化。例如在图 5.22 中，图（a）位置 1、2、3 刀齿都在切削，合力 F_{cp} 作用在 A 点；而当铣刀旋转到图（b）位置时，刀齿 1 切离工件，此时铣削力突然降低，合力 F_{cp} 的作用点移到 B 点，力的方向也变了。所以，铣削力很不稳定，时刻都在变化。

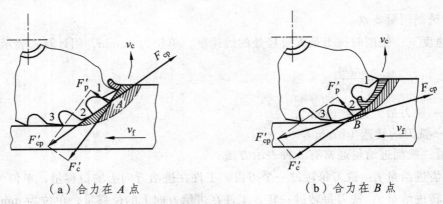

（a）合力在 A 点　　　　　　　　　（b）合力在 B 点

图 5.22　铣削过程受力分析

铣削力不断变化，对铣削加工很不利。为了尽量减小铣削力变化的幅度和增加工艺系统的刚性，常用的措施有：铣刀尽量安装在离支承端最近处，当铣削力很大时，应增加支架；尽量选用螺旋齿圆柱铣刀代替直齿圆柱铣刀，以增加同时参加切削的刀齿数，使切削宽度变化较平缓，切削总面积变化较小，从而减小了铣削力变化的幅度，如图 5.23 所示。为克服螺旋齿铣刀轴向力较大的缺点，铣刀安装时，应尽量使轴向力朝向主轴变速箱，或将两把螺旋角相等而方向相反的铣刀联合使用，使轴向力相互抵消，如图 5.24 所示。

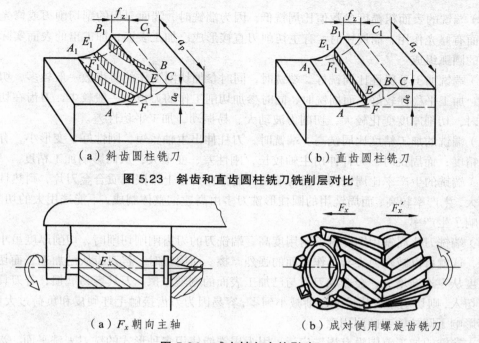

（a）斜齿圆柱铣刀　　　　　　　　　　（b）直齿圆柱铣刀

图 5.23　斜齿和直齿圆柱铣刀铣削层对比

（a）F_x 朝向主轴　　　　　　　（b）成对使用螺旋齿铣刀

图 5.24　减小轴向力的影响

三、铣削方式

1. 端铣和周铣

端铣是指用端铣刀的端面齿进行切削加工的铣削方法，周铣是指用圆柱铣刀的圆周齿进行切削加工的铣削方法，如图 5.25 所示。其主要特点比较如下：

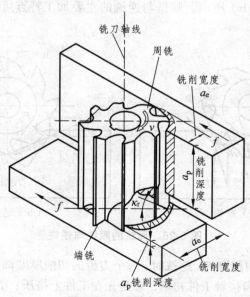

图 5.25　端铣与周铣

（1）端铣的表面粗糙度参数值比周铣低。因为端铣时，端面刀齿的副切削刃或修光刃对已加工表面有修光作用；而周铣时，有主切削刃直接形成已加工表面，加工出的表面实际上由许多近似的圆弧组成。

（2）端铣加工平稳性比周铣好。端铣时，同时参加切削工作的刀齿数一般较多，切削力变化较小，加工平稳性较好；而周铣时，同时参加切削工作的刀齿数一般较少，刀齿在切入、切出工件时，切削厚度变化较大，切削力波动大、易振动，加工平稳性差。

（3）端铣的加工精度比周铣高。端铣时，刀杆伸出主轴较短，刚性好、变形小，有利于保证加工精度；而周铣时，刀杆伸出主轴较长，刚性差、变形大，从而影响加工精度。

（4）端铣的生产率比周铣高。因为端铣刀通常在刀体上镶嵌硬质合金刀片，耐热性好，切削用量大，生产率较高；而周铣用的圆柱形铣刀多由高速钢整体制成，不能选用大的切削用量，从而影响了生产率。

（5）端铣刀比周铣用圆柱铣刀耐用度高。端铣刀的刀齿刚刚切削时，切削厚度虽小，但不等于零，这就可以减轻刀尖与工作表面的强烈摩擦。而周铣时，若刀齿从已加工表面切入，则切削厚度从零逐渐增大，会造成刀刃与已加工表面的剧烈摩擦，刀具容易磨损；若刀具从待加工表面切入，则切削厚度从最大逐渐减小到零，容易因为刀齿接触毛坯硬皮和负荷过大而打刀，这些都影响了圆柱铣刀的耐用度。

（6）端铣的加工范围没有周铣广泛。因为周铣能使用多种形式的铣刀来铣平面、沟槽、齿形和成形面等（见图 5.1），而端铣通常只应用于铣平面。

通过以上分析可知，一般来说，端铣优于周铣。在大批量平面加工中，常常采用端铣。周铣虽然有许多缺点，但适应性好，所以生产中仍然广泛应用。

2. 顺铣和逆铣

周铣又可以分为顺铣和逆铣。铣削加工时，在铣刀与工件的接触处，若铣刀的旋转方向与工件的进给方向相同，则称为顺铣；若铣刀的旋转方向与工件的进给方向相反，则称为逆铣，分别如图 5.26（a）、（b）所示。顺铣与逆铣的主要加工特点可比较如下：

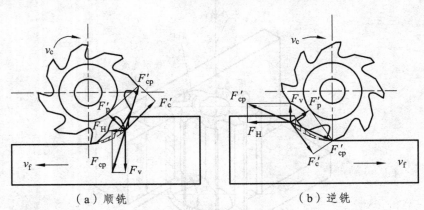

（a）顺铣   （b）逆铣

图 5.26　周铣的顺铣与逆铣

（1）顺铣比逆铣刀具耐用度高。逆铣时，每个刀齿的切削厚度都是从零逐渐增加到最大值，因刀齿刃口有圆弧，故刀齿接触工件初期，总是先在工件上挤压、滑行一小段距离后才能切入工件，使刀具磨损。同时，由于已加工表面冷硬层（加工硬化）的产生可进一步加大刀具的磨损。顺铣不存在滑行现象，工件已加工表面硬化程度也较轻，刀具耐用度较高。

（2）顺铣比逆铣容易将工件夹紧。顺铣时作用在工件上的垂直切削分力 F_v 向下将工件压紧在工作台上，这对工件的夹紧有利。逆铣时 F_v 向上，有把工件从工作台上抬起的趋势，影响工件的夹紧，铣削薄工件时影响更大。

（3）顺铣时工作台容易窜动。铣削加工时，工件夹紧在工作台上，工作台由丝杠带动。丝杠螺母传动副中的螺母固定不动，丝杠在转动的同时受螺母的推动来实现带动工作台进给。纵向工作台的丝杠（旋转并做直线移动）与螺母（固定不动）之间一般都是有间隙的。如图 5.27 所示，顺铣时，螺母与丝杠螺纹右侧面贴紧，推动丝杠连同工作台一起向左进给，而螺母与丝杠螺纹的左侧面之间出现间隙。当铣刀对工件的水平作用力 F_H 小于螺母对丝杠的推进力时，F_H 不会对工作台的进给运动产生影响，仍然是螺母与丝杠螺纹右侧面贴紧；当铣刀刀齿对工件的水平作用力 F_H 因工件表面有硬皮、切削用量过大等原因超过螺母对丝杠的推进力时，螺母与丝杠螺纹右侧面脱离，螺母对丝杠失去推动作用。F_H 通过工件、工作台作用在丝杠上，使工作台连同丝杠一起向前窜动。前面已分析过铣削力是不断变化的，因此 F_H 也是不稳定的，时大时小，这样工作台就会在铣削加工过程中产生无规则的窜动现象，严重时会引起啃刀、打刀甚至损坏机床等事故。

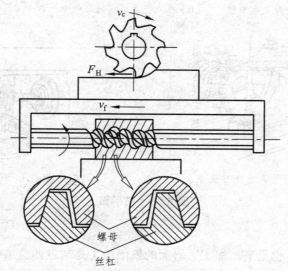

（a）间隙在右侧　　（b）间隙在左侧

图 5.27　顺铣时丝杠与螺母间隙的变化

逆铣时，铣刀刀齿对工件的水平分力 F_H 与进给运动的方向始终相反，始终使螺母与丝杠右侧面贴紧，不会产生工作台窜动现象，能够保证工作台平稳进给。

通过以上分析可知，顺铣有利于提高刀具的耐用度和工件装夹的稳固性，但容易引起工作台窜动，甚至造成事故。因此顺铣时机床应具有消除丝杠与螺母之间间隙的装置，并且顺铣的加工范围应限于无硬皮的工件。精加工时，铣削力较小，不易引起工作台的窜动，多采用顺铣，加工后质量比逆铣好。逆铣多用于粗加工。采用无丝杠螺母间隙调整机构的铣床加工有硬皮的铸件、锻件毛坯时，一般都采用逆铣。

四、铣床典型工作

图 5.1 中已经列举了铣床的各种主要工作，这里对铣床的几种典型工作加以说明。

1. 铣平面

铣平面是铣床的基本工作，常见的平面铣削如图 5.28 所示。立式铣床上多用端铣刀铣削大尺寸平面，卧式铣床上多用圆柱铣刀铣削中等尺寸平面。在卧式铣床上采用圆柱铣刀铣平面时，铣刀的轴向尺寸必须大于所铣平面的宽度。在卧式铣床上也可以采用端铣刀铣削垂直平面，但为了减少振动，应尽量减小刀杆的悬臂长度。

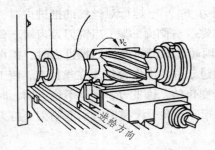 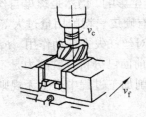 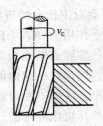

（a）在卧铣上用圆柱铣刀铣水平面　　（b）在立铣上用端铣刀铣水平面　（c）在立铣上用立铣刀铣垂直面

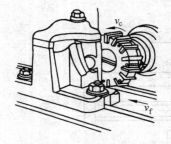 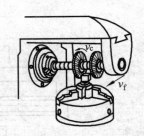

（d）在卧铣上用端铣刀铣垂直面　　　　　　（e）在卧铣上用三面刃铣刀铣垂直面

图 5.28　铣平面

2. 铣斜面

斜面的加工实际上也是平面加工。斜面的铣削加工是通过调整工件和刀具的相对位置转化为平面实现的。

（1）工件倾斜。先对工件上要加工的斜面划线，然后在平口钳或工作台上按所划线的位置调整工件，使工件上要加工的斜面转到水平位置，按加工平面的方法进行加工，如图 5.29（a）所示。

（2）立铣头主轴位置倾斜。工件的基准面与工作台面平行或垂直，将立铣头主轴倾斜，使其与被加工面斜度一致，如图 5.29（b）、（c）所示。

（3）采用角度铣刀铣斜面。斜面的倾斜角度由铣刀角度保证，适用于在卧式铣床上加工较窄的斜面，如图 5.29（d）所示。

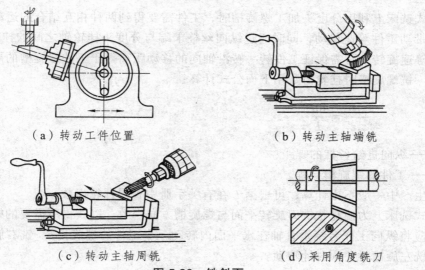

（a）转动工件位置　　　　　　　　（b）转动主轴端铣

（c）转动主轴周铣　　　　　　　　（d）采用角度铣刀

图 5.29　铣斜面

3. 铣沟槽

铣沟槽的各种加工方法如图 5.30 所示。这里重点介绍螺旋槽的铣削加工。螺旋齿轮、螺旋齿圆柱铣刀、麻花钻等零件上的沟槽都是螺旋槽，一般在卧式铣床上用盘形铣刀铣削加工。

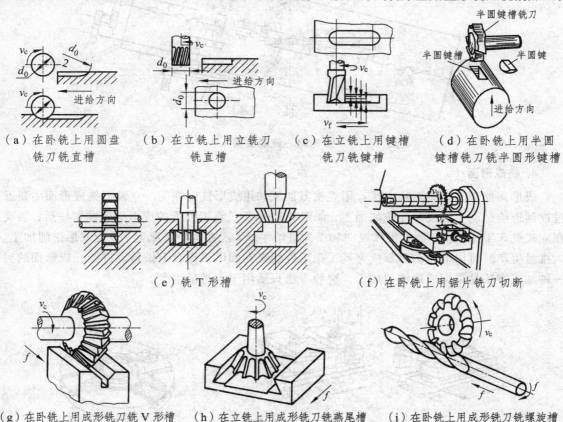

（a）在卧铣上用圆盘　（b）在立铣上用立铣刀　（c）在立铣上用键槽　（d）在卧铣上用半圆
　铣刀铣直槽　　　　　　铣直槽　　　　　　铣刀铣键槽　　　　键槽铣刀铣半圆形键槽

（e）铣 T 形槽　　　　　　　　　　（f）在卧铣上用锯片铣刀切断

（g）在卧铣上用成形铣刀铣 V 形槽　（h）在立铣上用成形铣刀铣燕尾槽　（i）在卧铣上用成形铣刀铣螺旋槽

图 5.30　铣沟槽

在卧式铣床上利用分度头加工螺旋槽时，工件需要得到两种相互结合的运动，即工作台纵向进给带动工件等速移动，同时通过纵向丝杠末端与分度头挂轮轴之间的挂轮 z_1', z_2', z_3', z_4' 带动工件等速旋转，且需保证工件转一转沿轴向的移动距离等于工件螺旋槽的导程 L，如图 5.31 所示。铣螺旋槽时挂轮齿数用下面公式计算：

$$\frac{z_1'z_3'}{z_2'z_4'} = \frac{40P}{L}$$

式中　P——纵向进给丝杠的螺距；

　　　L——工件的螺旋槽导程。

实际生产中一般不用计算，可根据 L 在有关手册中查得挂轮齿数。

在卧式铣床上为使盘状铣刀旋转平面与螺旋槽方向一致，以获得所需要的螺旋槽的截面形状，还应将纵向工作台绕垂直轴在水平面内转动一个工件的螺旋角 β。铣右旋槽时，逆时针转动；铣左旋槽时，顺时针转动。

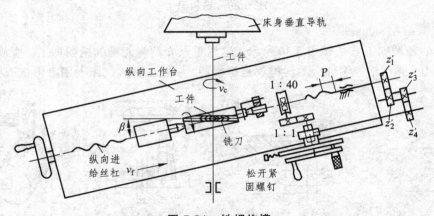

图 5.31　铣螺旋槽

4. 铣成形面

成形面加工主要有两种方法：用立铣刀加工和用成形铣刀加工。立铣刀铣成形面主要通过控制进给运动实现成形面铣削加工，如图 5.32 所示。将工件上的成形面轮廓划好后，装夹在立式铣床工作台上，同时操作纵向和横向进给手柄（或在数控铣床上）进行成形铣削加工。大批量生产时可以采用仿形靠模夹具，把工件装夹在圆形工作台上做转动进给。成形面的另一种加工方法是采用成形铣刀加工，这种方法只适用于大批量生产。

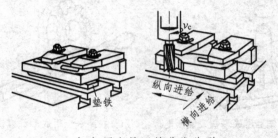 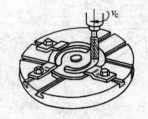

（a）用立铣刀铣曲线外形　　　　　　　　（b）用回转工作台铣曲线外形

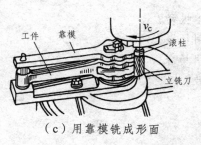

（c）用靠模铣成形面

（d）用成形铣刀铣成形面

图 5.32　铣成形面

五、铣削加工的特点

1. 生产率较高

一般情况下铣削加工的生产率高于刨削加工。因为铣刀属于多刃刀具，同一时刻有若干刀齿参加切削。铣刀工作时，各刀齿轮流切削，有充分的时间冷却，有利于延长刀具寿命，故可以采用较大的切削用量。

但是，对于狭长平面，如导轨、长槽等，铣削的生产率不如刨削。因为铣削进给量并不因工件加工表面变窄而改变，而刨削加工可以因工件加工表面变窄而减少横向走刀次数。因此，在成批生产中加工窄长平面多采用刨削。

2. 铣削工艺范围广

铣刀的类型多，而且铣床的附件多，使得铣削加工的工艺范围广泛。

3. 加工质量中等

在加工质量方面，除宽刃细刨刀加工外，铣削和刨削质量大致相当。粗铣后再精铣，尺寸公差等级可达 IT7 ~ IT9，表面粗糙度 R_a 为 3.2 ~ 1.6 μm。铣削时因铣削力不断变化，尤其是在刀齿切入、切出工件时，容易引起振动，所以铣削过程不如车削过程平稳，加工质量难以进一步提高。

4. 成本较高

铣床的结构比刨床复杂，铣刀的制造和刃磨比刨刀困难，所以铣削加工的成本高于刨削加工。

习　题

1. 铣床主要有哪些类型？各用于什么场合？
2. 常用铣床附件有哪些？其应用如何？
3. 常用铣刀有哪些？各适用于什么场合？
4. 试述铣床的加工工艺范围。

5. 铣削为什么比其他切削加工方法容易产生振动？

6. 试分析比较周铣与端铣的加工特点和应用场合。

6. 试分析比较顺铣与逆铣的加工特点和应用场合。

7. 铣削平面有哪些方法？各应用于什么场合？

8. 铣削加工有哪些特点？

第六章 磨 削

磨削加工是利用磨粒的尖角形成众多的切削刃，在工件的表面上刻划从而实现切削加工的。由于磨削加工所采用的磨料颗粒细小，硬度高，耐热性好，所以切削速度一般为 30～50 m/s，生产效率高，适用于各种高硬度材料和淬火后零件的加工。由于磨削速度高，加工时产生大量的磨削热且不能及时散发出去，磨削区瞬时高温可达 800 ℃～1 000 ℃，高温易使工件表面烧伤、退火，易堵塞砂轮，所以磨削中大量使用切削液。加工过程中同时参与切削运动的颗粒数量多，能切除极薄极细的切屑，因而加工精度高，表面粗糙度数值小。

磨削加工可以达到的尺寸公差等级为 IT6，表面粗糙度 R_a 为 1.25～0.32 μm。精密磨削后的工件精度可达到 IT5 以上，表面粗糙度 R_a 可达 0.01 μm。

随着科技水平的不断提高，磨床和砂轮的性能不断改善，磨削不再仅用于精加工，在粗加工和半精加工中也有广泛应用，甚至可直接采用磨削对毛坯进行加工。磨床在机床总数中所占的比例也日益增大。

第一节 磨床与砂轮

一、磨 床

磨床是指用磨料或磨具（砂轮、砂带、油石等）对工件表面进行切削加工的机床。磨床的种类很多，目前生产中应用最多的有外圆磨床、内圆磨床和平面磨床。

1. 外圆磨床

图 6.1 为 M1432A 型万能外圆磨床。它主要由床身、头架、尾座、砂轮架、内圆磨具、工作台等组成。磨削时砂轮轴的旋转为主运动；头架和尾座用来夹持工件，头架带动工件回转；工作台有上下二层，下工作台做纵向往复移动，上工作台相对于下工作台能做小角度（≤±10°）回转调整，以便磨削圆锥面；砂轮架沿滑鞍 6 横向移动，实现砂轮的切入或进给。万能外圆磨床与外圆磨床基本不同的是装有内圆磨具 3，可磨内圆面。

2. 内圆磨床

图 6.2 为普通内圆磨床。头架 3 固定在工作台 2 上，头架带动工件旋转做圆周进给运

动；工作台带动头架沿床身 1 的导轨做纵向往复运动；横向进给运动由砂轮架 4 沿滑鞍 5 的横向移动来实现；内磨头由电机带动旋转做主运动；头架可绕垂直轴转动一定角度以磨削锥孔。

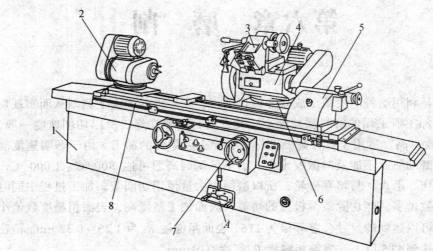

图 6.1　M1432A 型万能外圆磨床

1—床身；2—头架；3—内圆磨具；4—砂轮架；5—尾座；6—滑鞍；7—手轮；8—工作台

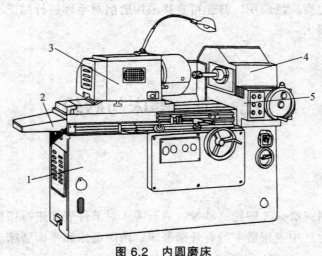

图 6.2　内圆磨床

1—床身；2—工作台；3—头架；4—砂轮架；5—滑鞍

3. 平面磨床

平面磨床的种类很多，最常用的是卧轴矩台平面磨床，如图 6.3 所示。工作台 2 沿床身 1 的导轨做纵向往复运动（液动）；砂轮架 3 可沿滑座 4 的燕尾导轨做横向间歇进给运动（手动或液动）；滑座与砂轮架一起沿立柱 5 的导轨做竖直间歇的切入运动；砂轮装在砂轮架主轴上，做高速旋转运动。

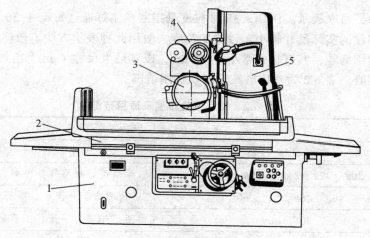

图 6.3 卧轴矩台平面磨床

1—床身；2—工作台；3—砂轮架；4—滑座；5—立柱

二、砂 轮

1. 砂轮特性参数

砂轮是应用最普遍的磨具。它是由无数磨料颗粒用结合剂黏结、经压制烧结而成的多孔体。其特性主要由 6 个因素来决定：磨料、粒度、结合剂、硬度、组织及形状尺寸。

（1）磨料。

常用的磨料有氧化物系、碳化物系、高硬磨料系三类。各种磨料性能及适用范围如表 6.1 所示。

表 6.1 常用磨料的名称、代号、性能及适用范围

系 别	名 称	代号	性 能	适 用 范 围
氧化物系	棕刚玉	A	棕褐色，硬度较低，韧性较好	磨削碳素钢、合金钢、可锻铸铁与青铜
	白刚玉	WA	白色，较棕刚玉硬度高，磨粒锋利，韧性差	磨削淬硬的高碳钢、合金钢、高速钢，磨削薄壁零件、成形零件
	铬刚玉	PA	红色，韧性比白刚玉好	磨削高速钢、不锈钢，成形磨削，刀具刃磨，高表面质量磨削
碳化物系	黑碳化硅	C	黑色带光泽，比刚玉类硬度高，导热性好，韧性较差	磨削铸铁、黄铜、耐火材料及其他非金属材料
	绿碳化硅	GC	绿色带光泽，较黑碳化硅硬度高，导热性好，韧性较差	磨削硬质合金、光学玻璃
高硬磨料系	立方氮化硼	CBN	棕黑色，硬度仅次于人造金刚石，韧性较人造金刚石好	磨削高性能高速钢、不锈钢、耐热钢等难加工材料
	人造金刚石	MBD	白色、黑色，硬度最高，耐热性较差	磨削硬质合金、光学玻璃、陶瓷等高硬度材料

（2）粒度。

粒度表示磨粒的大小程度，分为磨粒与微粉两种。磨粒是用筛选法来分类，以每英寸筛网长度上筛孔的数目来表示。例如，36 号粒度是指磨粒刚好通过每英寸 36 格的筛网。所以粒度号越大，磨粒的实际尺寸越小。砂轮的粒度一般用此种表示方法。微粉是用显微镜测量尺寸来区分的微细磨粒，其直径通常小于 40 μm，以其最大尺寸（μm）前加 W 来表示，常用于超精磨和研磨。表 6.2 为常用磨粒粒度及适用范围。

表 6.2　常用磨粒粒度及适用范围

类别	粒　度　号	适　用　范　围
磨粒	8#　10#　12#　14#　16#	粗磨、荒磨、打磨毛刺
	20#　22#　24#　30#　36#	磨钢锭，打磨铸件毛刺、磨耐火材料等
	40#　46#　54#　60#	内圆磨、外圆磨、平面磨、工具磨等
	70#　80#	内圆、外圆、平面、工具磨等半精磨或精磨
	90#　100#　120#　150#　180#　220#　240#	半精磨、精磨、珩磨、成形磨等
微粉	W40　W28	精磨、超精磨、珩磨等
	W20　W14　W10	精磨、精细磨、超精磨
	W7　W5　W3.5　W2.5　W1.5　W1.0　W0.5	研磨、超精加工、镜面磨削

磨粒的大小对磨削生产率和加工表面粗糙度有很大的影响。一般来说，粗磨用粗砂轮，精磨用细砂轮，当工件材料软、塑性大和磨削面积大时，为避免堵塞砂轮，也可采用较粗的砂轮。

（3）结合剂。

结合剂的作用是将磨粒黏结在一起，使砂轮具有一定的形状和强度。常用结合剂及其特点如下：

陶瓷结合剂（V）：主要成分是滑石、硅石等陶瓷材料。特点是化学性质稳定、耐热、耐油、耐酸碱的腐蚀，强度高但较脆。除薄片砂轮外能制成各种砂轮。

树脂结合剂（B）：主要成分为酚醛树脂。特点是强度高、弹性好，但耐热性差、不耐酸碱，多用于高速磨削、切断、开槽砂轮及抛光砂轮。

橡胶结合剂（R）：多数采用人造橡胶。特点是强度高、弹性更好、抛光作用好、耐热性差、不耐酸碱，多用于无心磨床的导轮、切断、开槽及抛光砂轮。

（4）硬度。

硬度是指磨粒在砂轮表面上脱落的难易程度。砂轮硬，磨粒不易脱落；砂轮软，磨粒容易脱落。选用砂轮时硬度应适当。若砂轮太硬，磨钝了的磨粒不能及时脱离，会产生大量的磨削热，造成工件的烧伤；若太软，磨粒很快脱落，不能充分发挥其切削作用。砂轮硬度等级如表 6.3 所示。

表 6.3　砂轮硬度等级及其选用

等　级	超　软	软	中　软	中	中　硬	硬	超　硬
代　号	D、E、F	G、H、J	K、L、M	M、N	P、Q、R	S、T	Y
选　择	磨未淬硬钢选用 L～N，磨淬火合金钢选用 H～K，高表面质量磨削时选用 K～L，刃磨硬质合金刀具选用 H～J						

选择砂轮硬度时，可参照以下原则：

工件硬度越硬，磨粒磨损越快，为使新的磨粒及时投入切削，应该选软的砂轮；磨削软的材料，磨粒不易磨损，应选较硬的砂轮；但磨削很软的材料（如有色金属）时，砂轮易被堵塞，应选较软的砂轮。精磨和成形磨削时，应选用硬一些的砂轮，以保持砂轮必要的形状精度。砂轮与工件的接触面积大时，为避免堵塞砂轮，应采用较软的砂轮。磨削薄壁零件及导热性差的工件时，因不易散热，表面常被烧伤，故应采用较软的砂轮。

（5）组织。

砂轮组织表示砂轮中磨粒、结合剂、气孔三者体积的比例关系。砂轮的组织号分为0~14，如表6.4所示。紧密组织砂轮适用于大压力下的磨削；中等组织的砂轮适用于一般的磨削工作；疏松组织的砂轮适用于平面磨、内圆磨等磨削接触面积较大的工件，以及热敏性强的材料或薄工件。

表 6.4　砂轮组织号及其选用

组织号	0	1	2	3	4	5	6	7	8	9	10	11	12	13	14
磨粒率(%)	62	60	58	56	54	52	50	48	46	44	42	40	38	36	34
用　途	精密磨削				磨削淬火钢、刀具刃磨				磨削韧性大而硬度不高的材料					磨削热敏性大的材料	

（6）形状与尺寸。

砂轮的形状与尺寸根据磨床类型、加工方法及工件的加工要求来确定。常用砂轮的名称、形状、代号及用途见表6.5。

表 6.5　常用砂轮的名称、形状、代号和用途

砂轮名称	代号	简　图	主要用途
平行砂轮	1		磨外圆、磨内圆、磨平面、无心磨
薄片砂轮	41		切断与切槽
筒形砂轮	2		端磨平面
碗形砂轮	11		磨导轨和刃磨刀具
碟形砂轮	12a		刃磨铣刀、拉刀、齿面刀
双斜边砂轮	4		磨削齿轮和螺纹
杯形砂轮	6		磨平面、内圆、刃磨刀具

2. 砂轮的平衡与修整

（1）砂轮的平衡：为了使砂轮平稳的工作，一般直径在 150 mm 以上的砂轮都要做静平衡调整，如图 6.4 所示。如果不平衡，较重的部分总是转到下面，可调整移动平衡块，直至砂轮在导轨上任意位置都能停止为止。

（2）砂轮工作一段时间后磨粒逐渐磨钝，砂轮表面孔隙堵塞，几何形状失准，应及时修整。图 6.5 所示为砂轮的修整。

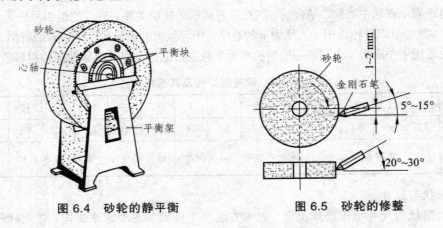

图 6.4　砂轮的静平衡　　　　　图 6.5　砂轮的修整

第二节　磨削加工

从本质上讲，磨削也是一种切削，砂轮表面上的每个磨粒，可以近似地看成一个微小刀齿。砂轮表面排列着大量的磨粒，磨粒的几何形状、角度又千差万别，在磨削过程中，由于磨粒在砂轮表面上的分布高度不同，比较锋利的凸出磨粒，有较大的切削厚度；而比较钝的、凸出高度较小的磨粒，切不下切屑，只起刻划作用，在工件表面挤压出微细的沟槽；更钝的磨粒，只滑擦工件的表面，起抛光作用。所以磨削过程是磨粒的切削、刻划、滑擦综合作用的结果。

磨削的加工工艺范围很广，如图 6.6 所示，其中以外圆、内圆和平面的磨削最为常见。

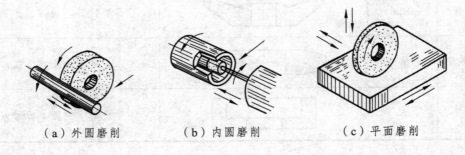

（a）外圆磨削　　　　　（b）内圆磨削　　　　　（c）平面磨削

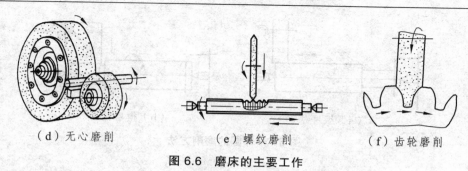

（d）无心磨削　　　　　（e）螺纹磨削　　　　　（f）齿轮磨削

图 6.6　磨床的主要工作

一、外圆磨削

外圆磨削在外圆磨床或万能外圆磨床上进行，也可以在无心外圆磨床上进行，如图 6.6（d）所示。磨削外圆包括磨削外圆柱面、外圆锥面和台阶面等。

1. 工件装夹

（1）前后顶尖装夹。该方法是外圆磨床上最常用的装夹方法。利用工件两端的顶尖孔，把工件支承在磨床的头架和尾座的顶尖上，用拨盘夹头带动工件旋转。在磨削前，需对工件的顶尖孔进行修整，以提高精度，降低粗糙度。对加工质量要求高的工件，要在不同的磨削阶段间多次修整顶尖孔。

（2）心轴装夹。磨削套类零件外圆面时，常以内孔作为定位基准，把零件装在心轴上，心轴再装夹在磨床的前后顶尖上。

（3）卡盘装夹。磨削端面上不能打顶尖孔的短工件（如套筒）时，可用三爪卡盘或四爪卡盘装夹。

（4）卡盘和顶尖装夹。当工件较长且一端不能打顶尖孔时，采用卡盘和顶尖装夹。

2. 磨削方法

（1）纵磨法。如图 6.7（a）所示，工件做圆周进给运动的同时随工作台做往复纵向进给，每一往复纵向行程终了时，砂轮做一次横向进给，磨削余量在多次往复行程中磨去。

纵磨时，由于磨削吃刀量小，故磨削力小，磨削热少；由于有纵向进给运动，故散热条件较好；当工件磨到接近最后尺寸时，可做几次无横向进给的光磨行程，直至火花消失。所以纵磨法的精度高，粗糙度值小，但生产效率低，广泛用于单件小批生产及精磨中，特别适于细长轴的磨削。

（2）横磨法。如图 6.7（b）所示，工件无纵向进给运动，砂轮慢速连续（或断续）横向进给，直到磨去全部余量。横磨法生产率高，但工件与砂轮的接触面积大，发热量多，散热条件差，且径向力大，工件易产生变形和烧伤现象。因无纵向进给运动，工件表面易留下磨削的痕迹，所以加工精度低，粗糙度值较大。此法主要用于批量生产中，磨削长度较短、刚性好、精度较低的外圆面及两端都有台阶的轴颈。若将砂轮修整成形，亦可磨削成形面。

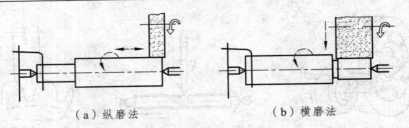

（a）纵磨法　　　　　　　　　（b）横磨法

图 6.7　外圆的磨削方法

二、内圆磨削

在内圆磨床上磨孔应用最为广泛，也可在万能外圆磨床和无心内圆磨床上磨内圆面。磨削时，工件用卡盘装夹，工件与砂轮反向旋转；砂轮沿纵向做往复移动，沿横向间歇进给，见图 6.6（b）。如果把头架转一定角度，可磨锥孔。内圆磨削与外圆磨削相比，具有以下特点：

（1）精度较低。砂轮与工件的接触面积大，发热量大，冷却液不易注入孔内，冷却与排屑条件差，工件易产生热变形，特别是砂轮轴受孔的限制细而长，刚性差，易产生弯曲变形，一般需减少吃刀深度，增加光磨次数。内圆磨尺寸公差等级为 IT8 ~ IT6。

（2）粗糙度值较大。虽然砂轮轴的转速高，但因为砂轮直径小，磨削速度很难达到 30 ~ 50 m/s，粗糙度 R_a 一般为 1.6 ~ 0.4 μm。

（3）生产率较低。因为砂轮小、转速高、磨损快、冷却排屑条件差、砂轮易堵塞，需经常修整或更换。此外采用较小的吃刀量和增加光磨次数，也影响生产率。因此，只有精度要求高的孔，或是淬火工件的孔，常采用磨削加工。

三、平面磨削

平面磨削主要在平面磨床上进行。磨削时，对形状简单的铁磁性材料工件，采用电磁吸盘装夹工件；对形状复杂或非铁磁性材料的工件，采用精密平口虎钳或专用夹具装夹，然后一同用电磁吸盘或真空吸盘吸牢。常用的平面磨削方法有周磨和端磨。

（1）周磨平面。如图 6.8（a）所示，用砂轮的圆周面进行磨削。这种磨削方式，砂轮与工件的接触面积小，磨削力小，磨削热少，冷却和排屑条件较好，工件热变形小，砂轮磨损均匀。所以磨削精度高，表面质量好。但生产率低，只适于精磨。精磨后两平面间的尺寸公差等级可达 IT5 ~ IT6，R_a 为 0.8 ~ 0.2 μm。

（2）端磨平面。如图 6.8（b）所示，用砂轮的端面进行磨削。磨削时，砂轮与工件的接触面积大，磨削力大，发热量大，冷却条件差，排屑不畅，工件的热变形大。砂轮端面径向各点线速不等，导致砂轮磨损不均，影响平面的加工质量。因此，端磨法用于粗磨，常用于代替刨削或铣削加工。

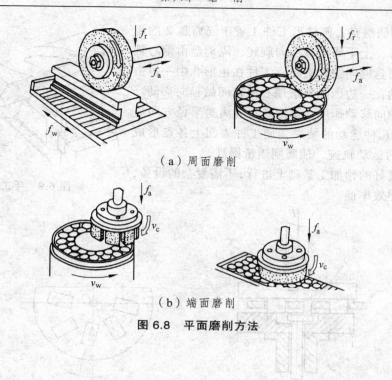

（a）周面磨削

（b）端面磨削

图 6.8 平面磨削方法

第三节 光整加工简介

光整加工是指精加工后，从工件表面不切除（或切除极薄）金属层，用以降低工件表面粗糙度或强化其表面的加工过程。常用的加工方法有研磨、珩磨、超精加工和抛光等。

一、研 磨

研磨是用研具和研剂从加工表面上磨去极薄金属层的加工方法。经研磨后，工件的尺寸公差等级可达 IT3 ~ IT6，表面粗糙度 R_a 为 0.1 ~ 0.008 μm。

（1）研具和研磨剂。研具是由较软的金属材料（如铸铁、青铜、软钢等）制成，研具工作面形状应与工件被研表面形状相吻合。研磨剂是由很细的磨料和研磨液（如汽油、煤油、机油等）组成。粗研时选粒度为 150 ~ 280 的磨料；精研时选微粉。

（2）研磨过程。在研具和加工表面间加研磨剂。当研具与工件相对运动时，部分磨料的微粒将嵌入研具的表面，对加工表面产生挤压和微量切削作用；其他游离状态的磨料微粒则对加工表面产生刮划、滚擦作用。此外，研磨过程中还伴随有化学作用。研磨剂中含有硬脂酸，可使加工表面产生很薄的、较软的氧化膜，工件表面上凸起处的氧化膜被首先磨去，然后新的金属表面很快又被氧化，继而又被磨去。如此反复进行，凸起处被逐渐磨平。这一化学作用加速了研磨过程。

（3）研磨方法有手工研磨和机械研磨两种。手工研磨如图 6.9 所示，机械研磨如图 6.10

所示。5 和 6 为研磨盘，圆柱形工件 1 置于隔离盘 2 的矩形孔中。工作时，上下研磨盘反向旋转，隔离盘由偏心轴 3 带动与下研磨盘同向缓慢旋转，工件在矩形孔中一边由研磨盘带动转动，一边因隔离盘偏心回转而做轴向移动。为增加工件的轴向移动速度，矩形孔与隔离盘半径方向成一夹角 γ。以上几种运动的结果，使工件表面上各点形成了复杂而均匀的运动轨迹，使磨削质量提高。

研磨应在良好的预加工基础上进行，不需复杂的设备，易保证质量，但效率低。

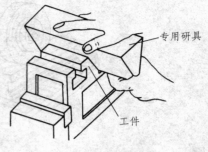

图 6.9　手工研磨

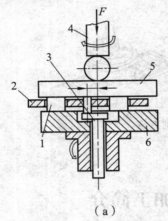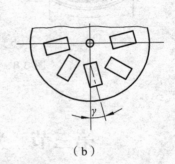

（a）　　　　　　　　　　（b）

图 6.10　机械研磨

1—工件；2—隔离盘；3—偏心轴；4—悬臂；5—上研磨盘；6—下研磨盘

二、珩　磨

珩磨是用珩磨工具对工件内圆柱表面施加一定压力，珩磨工具同时做相对回转和直线往复运动，以切除工件上极小余量的加工方法。

（1）珩磨原理。如图 6.11 所示，珩磨时，工件装夹在工作台上，珩磨头做回转（由机床主轴带动）和轴向往复运动，分别实现主运动和进给运动。珩磨头与机床主轴间采用浮动连接，沿工件孔壁自行导向。磨粒的切削轨迹为交叉而不重复的网纹。径向加压运动是横向进给运动，由珩磨头的调整获得。

（2）珩磨头。如图 6.12 所示，珩磨头本体 5 与机床主轴间采用万向联轴器浮动连接，沿工件孔壁自行导向。磨条 7 与垫块 6 固连在一起，装入珩磨头本体圆周等分槽中。弹簧卡箍 8 将四个垫块的上下两端夹紧。转动螺母 1 可使锥体 3 向下移动，推动顶销 4 将磨条沿径向胀开，对孔壁产生一定的压力。压力越大，进给量越大。

（3）珩磨特点与应用。珩磨时，油石与孔壁接触面积较大，参加切削的磨粒多，每一磨粒所受的力很小，切削热小，加工表面质量好。交叉角 θ 是影响表面粗糙度和生产率的主要因素。θ 角增大，生产率提高，表面粗糙度值增大。粗珩时，一般取 $\theta = 40° \sim 60°$；精珩时，取 $\theta = 20° \sim 40°$。珩磨后工件尺寸公差等级可达 IT4 ~ IT6，表面粗糙度 R_a 为 0.2 ~ 0.025 μm。

由于珩磨头沿工件孔壁自由导向，故珩磨不能纠正原孔轴线的歪斜。珩磨主要用于孔的光整加工，如发动机的气缸、液压缸、炮筒等。

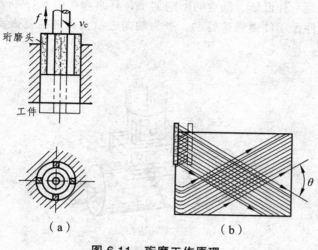

图 6.11 珩磨工作原理

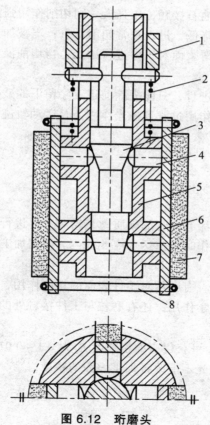

图 6.12 珩磨头

1—螺母；2—压力弹簧；3—锥体；4—顶销；5—珩磨头本体；
6—垫块；7—磨条；8—弹簧卡箍

三、超精加工

超精加工实质上是一种低压、低速的磨削加工，其原理如图 6.13 所示。加工时，使用油石以较小的力压向工件；工件做低速转动，磨头轴向进给及高速往复振动，使工件表面形成不重复的磨削轨迹。

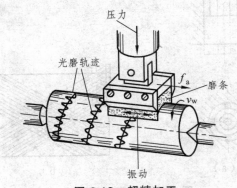

图 6.13　超精加工

加工初期只有少数凸峰与油石接触，压强大，则切削作用强烈；在少数凸峰磨平后，油石与工件接触面积增大，压强降低，进入正常切削状态；当被加工表面接近光滑时，压强更小，切削作用微弱，油石的光滑表面对工件进行抛光；当切削液在工件和油石间形成连续的油膜后，切削运动自动停止。

超精加工是在低压低速下进行，只能去除前道工序留下的残留凸峰，故发热量极小，工件无烧伤。超精加工能由切削作用过渡到抛光作用，且运动轨迹复杂，能降低工件表面的粗糙度，R_a 为 0.08 ~ 0.01 μm。

四、抛　光

抛光是利用高速旋转的、涂有磨膏的软质抛光轮对工件进行光整加工的方法。抛光轮用帆布、皮革、毛毡等制成，工作时线速达 30 ~ 50 m/s。根据加工工件的材料，在轮上涂以不同的抛光膏或磨料。

抛光过程与研磨过程相似，有磨粒对工件表面的切削作用，以及抛光膏中的硬脂酸使加工表面生成较软的氧化膜的化学作用，还有磨粒与工件接触处的高温、高压挤压工件表面的物理作用。

抛光设备简单，生产率高，可获得表面粗糙度 R_a 为 0.1 ~ 0.01 μm 的表面，可提高光亮度、疲劳强度和耐蚀性。但是，抛光不能改善加工表面的精度。

习　题

1. 砂轮的特性参数包括哪些？应怎样选择？

2. 外圆磨床、内圆磨床、平面磨床各自能做哪些加工？工件如何安装？试绘出加工简图并标出切削运动。

3. 磨削外圆常用的方法有哪几种？如何选用？

4. 砂轮在磨削过程中有自锐性，为什么还要修整？

5. 磨外圆时，工件常见的装夹方法有哪几种？各适用于什么场合？

6. 内圆磨削与外圆磨削相比有哪些特点？内圆磨削一般用于什么场合？

7. 试述磨削工艺范围及工艺特点。

8. 磨削时的光磨行程有何作用？

9. 说明珩磨、研磨的加工原理、加工方法和应用情况。

10. 珩磨、研磨为什么不能提高孔与其他表面的位置精度？

11. 抛光的主要目的是什么？

第七章　齿形加工与螺纹加工

齿轮、螺纹在机械、仪器、仪表中应用很广，其质量直接影响到机电产品的工作性能、承载能力、使用寿命及工作精度。齿轮的加工可以分为齿轮坯加工和齿形加工两大阶段。齿轮坯属于盘套类零件。齿形加工要使用专用刀具在齿轮加工机床上进行。本章只对渐开线圆柱齿轮的齿形加工和螺纹加工做简要介绍。

第一节　圆柱齿轮精度简介

一、齿轮传动精度的要求

齿轮的加工精度对机械的工作性能、承载能力和使用寿命有很大影响，根据齿轮传动的特点和不同用途，对其传动性能提出以下要求：

1. 传递运动的准确性

一对齿轮传动时，要求齿轮在每转一转的过程中，主动齿轮转过一定角度，从动齿轮应按一定速比准确地转过相应的角度。但制造齿轮时，因分齿不均等原因，会使齿轮传动中产生周期性转角误差。为保证齿轮传动的运动精度，则要求齿轮一转中，其转角误差不能超出允许的范围。最大转角误差是以一转为周期的长周期误差，标准中用第 I 组公差控制这项误差。

2. 传动的平稳性

因渐开线齿廓制造有误差，使一对齿轮啮合过程中，产生多次瞬间转角变化（即瞬间传动比发生变化），造成传动不平稳，有忽快忽慢现象。这种现象非常频繁，会引起冲击、振动和噪声。为保证传动的平稳性，要求齿轮一转中多次重复出现的短周期瞬间传动比变化不能超出允许的范围。标准中用第 II 组公差控制这项误差。

3. 载荷分布的均匀性

齿轮传递转矩时，要求齿面接触良好，使齿面载荷均匀分布。但因齿形和齿向制造有误差，会影响齿面的接触状况，使齿面磨损加剧，缩短使用寿命。标准中用第 III 组公差控制这项误差。

二、齿轮的精度等级

GB/T 10095.1～2—2001 对常用渐开线圆柱齿轮齿距累积总公差、齿距累积极限偏差、单个齿距极限偏差、齿廓总公差、螺旋线总公差及切向综合总公差、一齿切向综合公差和径向跳动公差分别规定了 13 个精度等级,从高到低分别用数字 0,1,2,…,12 表示;对径向综合总公差、一齿径向综合公差分别规定了 9 个精度等级,用 4,5,6,…,12 表示,其中 4 级最高,12 级最低。

0～2 级精度的齿轮要求非常高,目前的齿形加工工艺水平和检测手段无法制造,属于展望级;3～5 级为高精度等级;6～8 级为中等精度等级,应用最广;9 级为较低精度等级;10～12 级为低精度等级。

齿轮精度等级的选择应根据其用途、使用要求和工作条件来决定。选择的主要方法有计算法和经验法(类比法)两种,计算法主要用于精密传动链的设计;经验法是参考同类产品的齿轮精度,结合所设计齿轮的具体要求来确定精度等级,可参考表 7.1。

表 7.1 齿轮精度等级应用场合

精度等级	应用场合	精度等级	应用场合
3～5 级	测量齿轮	6～9 级	载重汽车、起重机、一般用途减速器
3～8 级	金属切削机床	6～10 级	拖拉机、轧钢机、矿山绞车
4～7 级	航空发动机	7～10 级	农业机械
5～8 级	内燃机、轻型汽车		

根据齿轮各项误差的特性及它们对传动性能的影响,将齿轮的各项公差分成 Ⅰ、Ⅱ、Ⅲ三个组。按照使用要求不同,允许各公差组选用不同的精度等级,但在同一公差组中,各项公差与极限偏差应保持相同的精度等级。例如,分度机构的齿轮,传递运动的准确性要求应高些;机床主轴箱中的高速齿轮,传动的平稳性应要求高些;受力大的重型机械上的齿轮,载荷分布的均匀性应要求高些。传动齿轮精度等级对传动性能的主要要求如表 7.2 所示。

表 7.2 传动齿轮精度等级对传动性能的主要要求

机械产品	使用条件		对传动性能主要要求	精度等级
减速器	圆周速度	$v \leqslant 12$ m/s	载荷分布的均匀性	887
		$v > 12 \sim 18$ m/s		877
汽 车	载重车、越野车变速箱的齿轮		传动的平稳性	877
	小轿车变速箱的齿轮			766
车床、钻床、镗床、铣床的主轴箱	直齿	斜齿	传动的平稳性	877
	$v < 3$ m/s	$v < 5$ m/s		
	$v = 3 \sim 15$ m/s	$v = 5 \sim 30$ m/s		766
	$v > 15$ m/s	$v > 30$ m/s		655
卧式车床	进给系统齿轮		传递运动的准确性	788 或 7
精密车床				677 或 6
运输机	一般传动齿轮		载荷分布的均匀性	998 或 8

三、齿轮坯精度

齿轮在加工、测量和装配过程中，常以齿轮坯内孔、顶圆和端面作基准。基准对齿轮加工及装配质量有很大影响，因此对齿轮坯规定了公差，如表 7.3 所示。

表 7.3　齿轮坯公差

齿轮精度等级		6	7	8	9	10
孔	尺寸公差 形状公差	IT6		IT7		IT8
轴	尺寸公差 形状公差	IT5		IT6		IT7
顶圆直径		IT8				IT9
基准面的径向跳动		0.40a		0.63a		1a
基准面的轴向跳动		0.40a		0.63a		1a

注：$a = 0.04d + 25$ μm，d 是分度圆直径（mm）；当 3 个公差组的精度等级不同时，按最高的精度等级确定公差值；顶圆不作测量齿厚的测量基准时，尺寸公差按 IT11，但应小于 0.1 mm；以顶圆作基准面时，基准面的径向跳动就是顶圆的径向跳动。

四、齿轮精度等级和齿厚偏差在图样上的标注

在齿轮工作图样上，应标注齿轮精度等级和齿厚偏差。下面举例说明。

例 1：7GB/T 10095.1 ～ 2—2001 或 7GB/T 10095.1—2001 或 7GB10095.2—2001，表示齿轮所有偏差项目的公差精度等级均为 7 级。

例 2：7（F_p、f_{p1}、F_α）、6（F_β）GB10095.1—2001，表示齿距累积总公差 F_p、单个齿距极限偏差 f_{p1}、齿廓总公差 F_α 皆为 7 级，螺旋线总公差 F_β 为 6 级。

齿厚偏差（或公法线长度偏差）应在齿轮零件图的参数表中标注初期极限偏差数值。当齿轮的公称齿厚为 S_n、齿厚上偏差为 E_{sns}、齿厚下偏差为 E_{sni} 时，标注为 $S_{n E_{sni}}^{E_{sns}}$。

当齿轮公法线长度为 W_k、公法线长度上偏差为 E_{bns}、下偏差为 E_{bni} 时，可标注为 $W_{k E_{bni}}^{E_{bns}}$，同时注出跨测齿数，如 $W_k = 21.297_{-0.148}^{-0.108}$，$k = 3$。

第二节　圆柱齿轮齿形的成形法加工

按照加工原理不同，齿形加工方法可以分为成形法和展成法两种。成形法加工齿轮是利用与被加工齿轮齿槽的法向截面形状相一致的成形刀具，在齿轮坯上加工出齿形。成形法加工齿轮主要有铣齿和拉齿两种。

一、铣 齿

图 7.1（a）所示为用盘状铣刀铣齿的情况，一般在卧式铣床上进行。铣齿时，铣刀装在铣床的主轴上做旋转主运动，齿轮坯安装在心轴上，随工作台一起沿自身轴线方向做进给运动。每铣完一个齿槽后，将齿轮坯退回原位，进行分度，使齿轮坯转过 $360°/z$（z 为要加工的齿轮齿数），再加工第二个齿槽。这样逐渐铣削，直至铣出所有齿槽。用这种方法还可以加工斜齿圆柱齿轮。铣削时应将工作台偏转一个角度，使其等于斜齿齿轮的螺旋角 β，齿轮坯在随工作台进给的同时，由分度头带动做附加的旋转。铣斜齿圆柱齿轮必须在万能铣床上进行。

图 7.1（b）所示为用指状铣刀铣齿的情况。指状铣刀装在立式铣床或专用铣床主轴上做旋转主运动，齿轮坯随工作台沿自身轴线方向做进给运动。每铣完一个齿槽后，将齿轮坯退回原位，进行分度，使齿轮坯转过 $360°/z$（z 为要加工的齿轮齿数），再加工第二个齿槽。这样逐渐铣削，直至铣出所有齿槽。

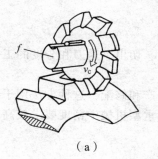
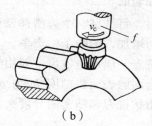

（a） （b）

图 7.1 成形法铣齿

二、齿形铣刀

齿形铣刀按其结构形式可以分为盘形齿轮铣刀和指状齿轮铣刀两种。盘形齿轮铣刀主要用于加工 $m<8$ 的小模数齿轮，指状齿轮铣刀主要用于加工 $m \geq 8$ 的大模数齿轮和人字形齿轮。

由于渐开线齿形与模数、齿数以及齿形角有关，当模数 m 和齿形角 α 选定标准值后，齿数不同的齿轮，其渐开线的形状也是不同的（渐开线形状取决于基圆大小，而基圆直径约为 $0.98mz$，所以即使模数相同时，齿数不同的齿轮其渐开线是不同的）。因此，要铣出完全准确的齿廓形状，每一种齿数的齿轮就需要一把专用的刀具。

在实际生产中，对于某一种模数的铣刀一般只做出 8（或 15）把，每把铣刀分别铣削齿形相近的一定齿数范围的齿轮（见表 7.4）。加工人员只需要根据齿数选择相应的刀号即可。

表 7.4 齿轮铣刀刀号及其加工齿数范围

刀 号	1	2	3	4	5	6	7	8
加工齿数范围	12～13	14～16	17～20	21～25	26～34	35～54	55～134	135 以上

为了保证铣出的齿轮在啮合过程中不被卡住，每一号铣刀的齿形按所铣齿数范围内最少齿数的齿轮制造。因此，其所铣齿数范围内的其他齿数的齿轮，都只能获得近似的齿形。模

数相同的齿轮，其齿形曲线随着齿数的增加而弯曲程度逐渐减小。齿数在 134 以上时，则做成直线形齿廓。

三、铣齿的工艺特点及应用

1. 生产成本较低

铣齿加工在铣床上进行，不需要专用的齿轮加工机床。齿轮铣刀的结构也比较简单，容易制造，生产成本较低，这也是铣齿加工得以应用的主要原因。

2. 加工精度较低

铣齿加工的齿形准确程度完全取决于齿轮铣刀，而一种型号的铣刀又只能加工一定范围齿数的齿轮，因此加工出的齿廓一般都存在较大的误差。另外，在铣床上采用分度头分齿，其分齿误差也比较大。

3. 生产效率较低

铣齿加工时，每铣完一个齿槽都要重复进行切入、切出、退刀和分度的工作，辅助时间和基本工艺时间增加，影响了生产率。

鉴于以上特点，成形法铣齿一般用于单件小批生产和修配，这种方法用于制造低于 8 级精度的齿轮，齿面的表面粗糙度 R_a 为 6.3 ~ 3.2 μm。重型机械中精度要求较高的齿轮，通常使用高精度的指状铣刀和精密的分度夹具进行加工。

四、拉 齿

在拉床上拉制内齿轮也属于成形法加工，因为专用的拉刀造价昂贵，所以只适用于大批量生产中加工径向尺寸较小的内齿轮。

第三节 圆柱齿轮齿形的展成法加工

展成法加工齿形是利用一对齿轮的啮合运动原理实现的，即将其中一个齿轮制成具有切削能力的刀具，而把齿轮坯作为另外一个齿轮，在刀具和齿轮坯的啮合过程中，逐渐形成渐开线齿形。常见的展成法加工是插齿和滚齿。

一、插 齿

1. 插齿原理

展成法插齿是用插齿刀按展成法加工内、外齿轮或齿条的加工方法。插齿加工相当于轴线平行的两个圆柱齿轮相啮合，将其中一个齿轮磨成具有前角、后角的插齿刀，而把齿轮坯作为另一个齿轮。插齿时，插齿刀与齿轮坯之间严格按照一对相啮合齿轮的速比关系转动，即插齿刀转过一个齿，被切齿轮也转过一个齿。同时，插齿刀做上下往复运动，逐渐在齿轮坯上切出渐开线齿形来。

插齿加工时，齿轮坯和插齿刀的运动形式如图 7.2 所示。

2. 插齿运动

插齿需要具有下列运动，如图 7.2（c）所示。

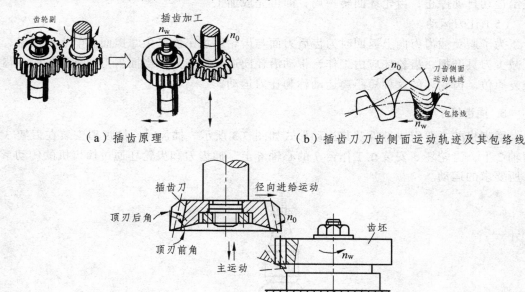

（a）插齿原理　　　　　　　　　（b）插齿刀刀齿侧面运动轨迹及其包络线

（c）插齿运动

图 7.2　插齿原理及插齿运动

（1）主运动。

插齿刀上下往复运动为主运动，用单位时间内的往复行程次数表示，单位是 dstr/min 或 dstr/s。向下是切削行程，向上是返回行程，即空行程。

（2）分齿运动。

插齿刀与齿轮坯间强制保持一对齿轮啮合速比关系的运动即分齿运动，也称展成运动。该速比关系可以表示如下：

$$n_0/n_w = z_w/z_0$$

式中　n_0——插齿刀的转速。

　　　z_0——插齿刀的齿数。

　　　n_w——齿轮坯的转速。

　　　z_w——被加工齿轮的齿数。

（3）圆周进给运动。

圆周进给运动是指插齿刀每一次往复行程的时间内，插齿刀自身的旋转运动。此运动决定每切一刀的金属切除量和包络渐开线的切线数目，它直接影响齿面的粗糙度和生产率。

圆周进给量是插齿刀每一往复行程其分度圆圆周所转过的弧长，单位是 mm/dstr。圆周进给运动与分齿运动不同，它控制的是插齿刀的转速，而分齿运动控制的是插齿刀与齿轮坯之间的转速比。

（4）径向进给运动。

径向进给运动是在分齿运动的同时，为切出全齿高，插齿刀逐渐向齿轮坯中心移动的运动，用插齿刀每上下往复行程一次径向移动的距离表示（mm/dstr）。刀齿切至全齿高，径向进给运动自动停止，齿轮坯回转一周，即可完成加工。

（5）让刀运动。

为了避免插齿刀向上返回时刀齿后刀面与齿轮坯加工面产生摩擦而影响表面质量，并为了减少刀具磨损，齿轮坯应由工作台带动沿径向退离插齿刀，当插齿刀向下插齿时，齿轮坯恢复原位。齿轮坯的这种短距离运动称为让刀运动。

3. 插齿机

插齿机的主要组成部件及其运动形式如图 7.3 所示。插齿时，插齿刀安装在刀架 3 的插刀轴 2 上，齿轮坯 5 安装在工作台 7 的心轴 6 上。插齿刀和齿轮坯通过插齿机的传动系统获得所要求的运动。

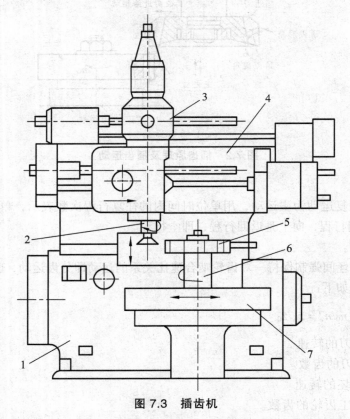

图 7.3　插齿机

1—床身；2—插刀轴；3—刀架；4—横梁；5—齿轮坯；6—心轴；7—工作台

4. 插齿刀

插齿刀本质上是一个具有切削刃的渐开线齿轮。图 7.4 所示是盘形、碗形和带锥柄的插齿刀。

盘形插齿刀应用最广，用于插外齿轮或齿数较多的内齿轮；碗形插齿刀安装时夹紧螺母不外露，适于加工多联齿轮；带锥柄的插齿刀安装方便，且齿数少、径向尺寸小，有利于对内齿轮的加工，也用于加工小模数的外齿轮。

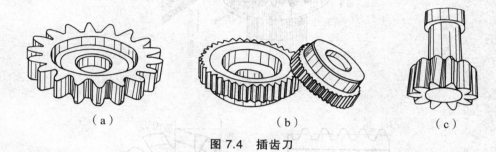

$$（a）\qquad\qquad（b）\qquad\qquad（c）$$

图 7.4　插齿刀

5. 插齿的工艺特点和应用

（1）插齿刀切出的齿形不像成形法铣出的齿存在理论误差。此外，插齿刀比模数铣刀的精度高，插齿机的分齿精度高于万能分度头的分齿精度，所以插齿加工精度比铣齿高，可达 IT8 ~ IT7 级。

（2）插齿刀沿轮齿全长连续切削，包络齿形的切线数量较多，因而齿面 R_a 值小，可达 1.6 μm。

（3）一把插齿刀可以加工模数和压力角与其相同而齿数不同的圆柱齿轮。

（4）插齿刀做直线往复运动，速度提高受到冲击和惯性力的限制，且有空行程，所以一般情况下生产率低于滚齿，但高于成形法铣齿。

插齿可加工内、外直齿圆柱齿轮以及相距很近的双联或多联齿轮。插齿机安装附件或夹具后，还可以加工内、外斜齿轮和齿条。插齿既适用于单件小批又适用于大批量生产。

二、滚　齿

1. 滚齿原理和齿轮滚刀

滚齿是利用齿轮滚刀按展成法加工齿轮、蜗轮齿面的方法。滚齿相当于一对交错轴斜齿轮相啮合，如图 7.5 所示。将其中一个斜齿轮的螺旋角做得很大、齿数做得很少（1 个或 2 个），则这个斜齿轮变成了蜗杆。若此蜗杆用高速钢制造，并沿轴向或垂直于螺旋线方向切出多条沟槽（即容屑槽），以形成刀齿和切削刃，就形成了齿轮滚刀。滚齿时，强制地使滚刀与齿轮坯之间保持相啮合的运动关系。同时，滚刀做上下往复运动，逐渐在齿轮坯上切出渐开线齿形来。齿轮滚刀容屑槽的一个侧面，是刀齿的前面，它与蜗杆齿形表面的交线形成了一个顶刃和两个侧刃。顶刃前角为零时，称为零前角滚刀；为改善切削条件，提高生产率，顶刃前角可制成 5° ~ 10°，称为正前角滚刀；为使刀齿具有后角，并保证在重磨刀齿前面后齿形不变，齿高和齿厚也不变，刀齿的后面应是铲背面，通常取 $10° \sim 12°$，如图 7.6 所示。

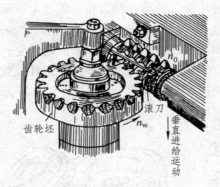

图 7.5　滚齿原理

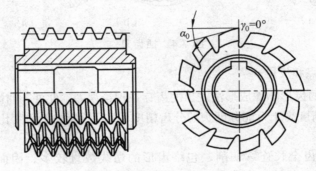

图 7.6　滚齿刀

2. 滚齿运动

（1）主运动。滚刀的旋转运动为主运动，用其转速（r/min）表示。

（2）分齿运动。齿轮滚刀与齿轮坯之间强制保持一对交错轴斜齿轮啮合速比关系的运动。该速比关系可以表示如下：

$$n_0/n_w = z_w/z_0$$

式中　n_0——滚刀的转速；

　　　　z_0——滚刀的齿数；

　　　　n_w——齿轮坯的转速；

　　　　z_w——被加工齿轮的齿数。

（3）垂直进给运动。为使滚刀在整个齿轮坯齿宽上都切出齿形来，必须使滚刀沿齿轮坯轴线方向做垂直进给运动，用齿轮坯每转一转（或每分钟）滚刀沿齿轮坯轴向移动的距离表示，单位是 mm/r（或 mm/min）。

（4）附加运动。滚切斜齿轮时，除了需要有主运动、分齿运动和垂直进给运动外，为形成螺旋齿形线，在滚刀做轴向进给运动的同时，齿轮坯还应增加一个附加运动，而且两者必须保持确定的关系，即当滚刀沿齿轮坯的轴向移动斜齿轮的一个导程 L 时，齿轮坯应准确地附加转 ± 1 转。

3. 滚齿机

图 7.7 所示是滚齿机外形图。滚切齿轮时，滚刀安装在刀杆上，由刀架体的主轴带动做旋转主运动。刀架体可以扳转一定角度，以便使滚刀的齿向与被加工齿轮的齿向相一致。工件装夹在工作台的心轴上，由工作台带动做旋转运动。工作台和后立柱装在床鞍上，可沿床身的水平导轨移动，以便调整工件的径向位置。后立柱上的支架可通过顶尖或轴套支承工件心轴的上端，以提高切削工作的平稳性。

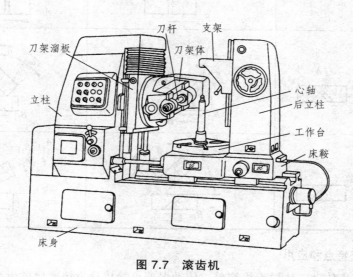

图 7.7　滚齿机

4. 滚刀安装角度和扳转方向

滚切齿轮时，为了切出准确的齿形，应使滚刀和齿轮坯处于正确的"啮合"位置，即滚刀在切削点处的螺旋线方向应与被加工齿轮的齿槽方向一致。为此，应使滚刀轴线与齿轮坯顶面安装呈一定的角度，称为安装角 δ。

（1）直齿轮加工。

加工直齿轮时，安装角等于滚刀的螺旋升角 ω，即 $\delta = \omega$。

滚刀扳转方向取决于滚刀螺旋线方向。如表 7.5 所示，滚刀为右旋时，顺时针扳转滚刀；滚刀为左旋时，逆时针扳转滚刀。

（2）斜齿轮加工。

加工斜齿轮时，安装角 δ 除与被加工斜齿轮的螺旋角 β、滚刀的螺旋升角 ω 的大小有关外，还与 β、ω 二者的螺旋方向有关。安装角 δ 的大小应等于二者的代数和，即 $\delta = \beta \pm \omega$，其中，"＋"和"－"取决于工件螺旋线方向和滚刀螺旋线方向，当二者螺旋线方向相反时，取"＋"；相同时，取"－"。

滚刀的扳转方向，当工件螺旋线为右旋时，逆时针扳转滚刀；当工件螺旋线为左旋时，顺时针扳转滚刀，如表 7.5 所示。加工斜齿轮时应尽量用与工件螺旋线方向相同的滚刀，这样可使滚刀的安装角 δ 较小，有利于提高机床的运动平稳性和加工精度。

表 7.5　滚刀安装角度及扳转方向

ω—滚刀螺旋升角； δ—滚刀安装角； β—工件的螺旋角		右旋滚刀	左旋滚刀
直齿轮			
斜齿轮	右旋		
	左旋		

5. 滚齿的工艺特点和应用

（1）滚齿机分齿传动链比插齿机简单，传动误差小，故分齿精度比插齿高。但滚刀制造、刃磨和检验比插齿刀困难，不容易制造得准确，所以切出的齿形精度比插齿稍低。综合上述结果，滚齿和插齿的精度基本相同，可达 IT8 ~ IT7 级。

（2）滚齿时，因形成齿形包络线的切线数目受容屑槽数限制，一般比插齿少，而且轮齿齿宽是由滚刀刀齿多次断续切削加工而成，所以，滚齿表面粗糙度 R_a 值比插齿大，一般为 3.2 ~ 1.6 μm。

（3）一把滚刀可加工模数和压力角与其相同而齿数不同的齿轮。

（4）滚齿为连续切削，无空行程，且滚刀为旋转运动，所以滚齿生产率一般比插齿高。

滚齿使用范围广，可以加工直齿、斜齿圆柱齿轮及蜗轮等，但不能加工内齿轮和相距很近的多联齿轮。滚齿既适用于单件小批生产又适用于大批大量生产。

第四节　螺纹加工

根据用途不同，螺纹分为两大类：连接螺纹和传动螺纹。连接螺纹主要用于零件间的固定连接，常用的有普通螺纹和管螺纹，螺纹牙形一般为三角形，如各种螺栓和螺钉的螺纹等。传动螺纹主要用于传递动力、运动或位移，螺纹牙形一般为梯形、矩形或锯齿形，如丝杠和测微螺杆的螺纹等。

　　螺纹按制式分为公制、英制和模数制。很多管螺纹采用英制，蜗杆传动中采用模数制，其中公制螺纹应用最广。公制三角形螺纹称为普通螺纹。各类螺纹按旋向分为左旋螺纹和右旋螺纹。按螺纹线数分为单线、双线和多线螺纹。

　　螺纹的加工方法很多，常用的有车螺纹、铣螺纹、攻（套）螺纹、磨螺纹和滚轧螺纹等，具体应根据螺纹的类别、精度及零件的结构与生产类型选择适用的方法。

一、车螺纹

1. 螺纹车刀及其安装、调整

　　螺纹车刀切削部分的形状应与被加工螺纹轴向截面的牙槽形状一致。刃磨车刀时，需使两侧切削刃的夹角（即刀尖角）等于牙形角 α，前角等于 $0°$，才能保证螺纹牙形准确。安装螺纹车刀时，刀尖应与被加工螺纹轴线等高，刀尖角的平分线垂直于被加工螺纹轴线，否则将导致被加工螺纹牙形角歪斜、牙形半角不对称、牙形不直等误差。通常采用角度样板校准车刀的安装位置，如图 7.8 所示。螺纹车刀安装时的调整方法如图 7.9 所示。

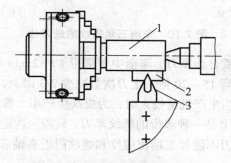

图 7.8　螺纹车刀的安装与对刀

1—工件；2—样板；3—螺纹车刀

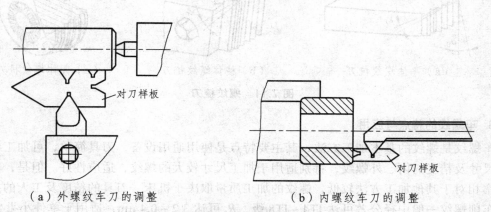

（a）外螺纹车刀的调整　　　　　　（b）内螺纹车刀的调整

图 7.9　螺纹车刀安装时的调整方法

　　目前，车削中等螺距的碳钢类工件时使用的螺纹车刀主要是硬质合金车刀，车削铝、铜类有色金属工件以及大螺距螺纹工件的精加工，常使用高速钢车刀。

2. 车削三角螺纹

三角螺纹的车削方法有以下 3 种。

（1）低速车削：一般都采用高速钢螺纹车刀，车削时主要有两种进刀方法。

直进法：如图 7.10（a）所示，车削时，车刀两刃同时切削，车刀受力大、散热难、磨损快、排屑难，每次进给的吃刀深度不能太大，生产率低。但加工螺纹的牙形较准确，适用于加工螺距 P 小于 2 mm 的螺纹及精度较高螺纹的精加工。

斜进法：如图 7.10（b）所示，车削时，车刀顺着螺纹牙一侧斜向进刀，经多次走刀后完成加工。用此法加工时，刀具切削条件好，可以增大吃刀深度，生产率高于直进法，但加工面粗糙度值大，只适于粗加工。为提高螺纹质量，可使小滑板一次向左微量移动，另一次向右微量移动，最后一次进给采用直进法，可以确保螺纹牙形准确。

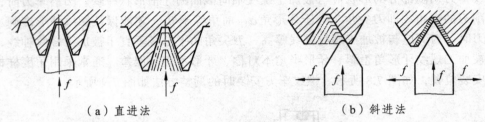

（a）直进法　　　　　　　　　　　（b）斜进法

图 7.10　车削三角螺纹的进刀法

（2）高速车削：使用硬质合金车刀，车削中等螺距（$P>2$ mm）以及硬度较高工件的螺纹；采用的切削速度比低速车削高 15 ~ 20 倍，走刀次数减少 2/3 以上，故生产率高。

（3）用螺纹梳刀车削：当生产批量较大时，为提高生产率，常采用螺纹梳刀车削螺纹，如图 7.11 所示。螺纹梳刀实质上是一种多齿的螺纹车刀，只需一次走刀就能车出全部螺纹，故生产率高。但是一般的螺纹梳刀不能加工精密螺纹和螺纹附近有轴肩的工件。

（a）平体螺纹梳刀　　　　　（b）棱体螺纹梳刀　　　　　（c）圆体螺纹梳刀

图 7.11　螺纹梳刀

3. 车螺纹的特点与应用

车螺纹是螺纹的基本加工方法，其主要特点是使用通用设备，刀具简单，可加工各种形状、尺寸及精度的内、外螺纹，特别适用于加工尺寸较大的螺纹，适应性好。但是，车螺纹生产率相对于其他加工方法较低，螺纹的加工质量取决于机床、刀具的精度及工人的技术水平。车削螺纹一般中径公差可达 IT4 ~ IT8 级，R_a 可达 3.2 ~ 0.4 μm，适用于单件小批生产。

二、铣螺纹

铣螺纹一般在专用的螺纹铣床上进行，根据所用铣刀结构的不同，可分为以下 3 种：

1. 盘形螺纹铣刀铣螺纹

铣削在螺纹铣床上进行。铣刀轴线相对工件倾斜一螺纹升角，铣刀高速旋转，工件同向低速旋转，工件每转一转，铣刀沿工件轴向移动一个导程，如图 7.12（a）所示。这种方法加工精度较低，一般只作粗加工或半精加工，而精加工需采用车削或磨削。盘形螺纹铣刀铣螺纹适用于大批量生产中加工大螺距、长螺纹的工件，如丝杠、蜗杆等。

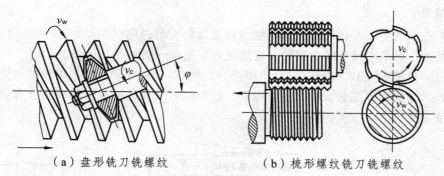

（a）盘形铣刀铣螺纹　　　　　（b）梳形螺纹铣刀铣螺纹

图 7.12　铣螺纹

2. 梳形螺纹铣刀铣削螺纹

如图 7.12（b）所示，加工时工件只需转一转多一些，即可切出全部螺纹，故生产率较高。但加工精度较低，一般用于加工短而螺距不大的三角形内、外螺纹。用这种方法加工靠近轴肩或盲孔底部的螺纹时，不需要退刀槽。

3. 旋风铣削螺纹

旋风铣削螺纹是指用装在特殊铣刀盘上的硬质合金刀头，高速地铣削内、外螺纹的加工方法，如图 7.13 所示。铣刀盘上的刀头因调整复杂，一般不超过 4 个，有时只有 1~2 个。铣刀盘中心与工件中心的偏心距 e 等于"螺纹牙深 + (2~4) mm"。加工时，铣刀盘高速旋转（17~50 r/s），并沿工件轴向移动，工件慢速旋转（0.05~0.5 r/s）。工件每转一转，铣刀盘轴向移动一个导程。铣刀盘上刀齿的旋转平面相对于垂直平面倾斜一个螺旋升角，以减小切削时的干涉现象，使刀齿左、右切削刃的负荷相等。加工时工件与铣刀盘的旋转方向相反。旋风铣螺纹在改装的车床或专用机床上进行，适用于成批量生产中加工螺杆和丝杠，生产率比前述两种螺纹铣削方法高 2~8 倍，可加工梯形、矩形和三角形螺纹。

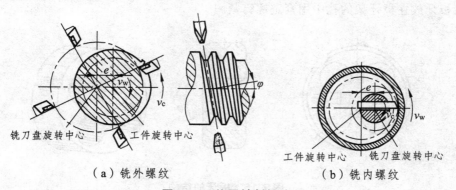

（a）铣外螺纹　　　　　　　（b）铣内螺纹

图 7.13　旋风铣削螺纹

铣螺纹的生产率比车螺纹高，但加工精度较低（IT8～IT9 级），粗糙度值大（$R_a = 6.3 \sim 3.2\ \mu m$），在成批量生产中应用很广。

三、攻螺纹与套螺纹

1. 攻螺纹

单件小批生产中，手动用丝锥攻内螺纹；批量较大时，用机用丝锥在车床、钻床或攻丝机上攻内螺纹。对于小尺寸的内螺纹，攻螺纹几乎是唯一有效的加工方法。

丝锥的结构如图 7.14 所示。L_1 是切削部分，磨有切削锥面 2φ，顶刃和丝锥侧刃经铲磨形成后角 α_0。L_2 是校准部分，有完整的齿形，以控制螺纹尺寸。丝锥沿轴向开有容屑槽，并且形成前角 γ_0。

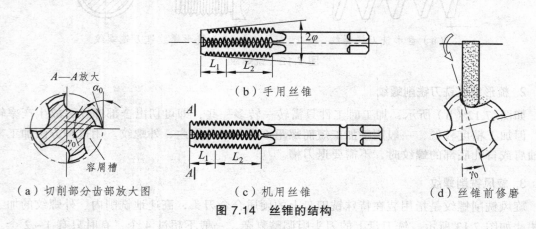

（a）切削部分齿部放大图　　　　（b）手用丝锥

（c）机用丝锥　　　　（d）丝锥前修磨

图 7.14　丝锥的结构

2. 套螺纹

单件小批生产时，用板牙套外螺纹；大批量生产中，常用螺纹切头在车床上套外螺纹。加工时，螺纹切头装夹在车床尾座上，工件装夹在主轴卡盘上旋转，螺纹切头逐渐切入工件。

板牙的结构如图 7.15 所示。板牙两端磨有切削锥角 2φ，锥角部分齿顶经铲磨形成后角。中间螺纹部分为校准齿，在螺纹周围有圆柱形孔，用来形成前刀面和容纳、排出切屑的槽。圆柱形孔与螺纹相交形成切削前角 γ_0。板牙的外圆上有四个紧固螺钉的锥坑和一条 V 形槽。使用时将板牙放在板牙架的孔中用紧定螺钉紧固。

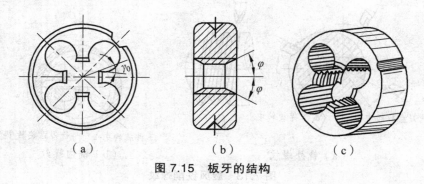

（a）　　　　　（b）　　　　　（c）

图 7.15　板牙的结构

攻螺纹与套螺纹常用于加工直径在 16 mm 以下的内、外三角螺纹，加工后的精度等级可达 IT6 ~ IT8 级，R_a 为 6.3 ~ 1.6 μm。

四、磨螺纹

根据所用砂轮形式的不同，磨螺纹可以分为单线砂轮磨螺纹和梳形（多线）砂轮磨螺纹，如图 7.16 所示。单线砂轮磨螺纹时，砂轮修整方便，加工精度较高，精度等级可达 IT3 ~ IT4 级，R_a 可达 0.8 ~ 0.2 μm，可磨削螺距较大的长螺纹，也可加工直径大于 30 mm 的内螺纹。梳形砂轮磨螺纹时，砂轮修整困难，加工精度低于前者，只适用于磨削升角较小、长度较短的螺纹。但是，用梳形砂轮磨螺纹时，工件转 1.3 ~ 1.5 转即可完成加工，生产率比单线砂轮磨螺纹高。

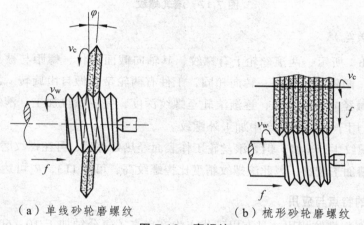

（a）单线砂轮磨螺纹　　　　（b）梳形砂轮磨螺纹

图 7.16　磨螺纹

磨螺纹一般在螺纹磨床上进行，常用于淬硬螺纹的精加工，以便修正热处理引起的变形，提高加工精度，如丝锥、螺纹量规、滚丝轮及精密传动螺杆上的螺纹。螺纹在磨削前，一般应采用车、铣等方法进行粗加工，但对于尺寸较小的螺纹，也可不经粗加工而直接磨出。

五、滚轧螺纹

滚轧螺纹是一种无屑加工方法，是利用工具对工件加压，使金属产生塑性变形，从而达到改变工件形状、尺寸和表面力学性能的目的。

常见的滚轧螺纹有以下两种方法：

1. 搓螺纹（搓丝）

如图 7.17（a）所示，下搓丝板固定，上搓丝板做往复直线运动。两搓丝板的平面都有斜槽，相当于展开的螺纹。在与工件轴线同方向上，搓丝板的截面形状、间距与被加工螺纹的牙形、螺距相同。上搓丝板移动时，工件在两搓丝板间滚动，于是在工件上挤轧出螺纹。上搓丝板移动一次，就在下搓丝板的另一端落下一个螺纹件。

搓丝前应将两搓丝板的间距根据被搓工件的直径调整好。搓丝的最大直径为 25 mm，精度等级最高可达 IT5，R_a 可达 1.6 ～ 0.4 μm，适用于大批量生产中加工外螺纹。

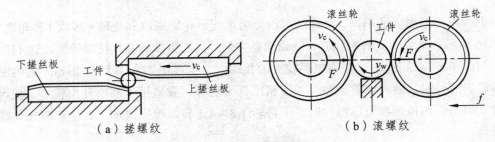

（a）搓螺纹　　　　　　　　　　　（b）滚螺纹

图 7.17　滚轧螺纹

2. 滚螺纹（滚丝）

如图 7.17（b）所示，两滚丝轮上有螺纹，其轴向截面形状、螺距与被加工工件螺纹的牙形、螺距相同，两轮转速相等，转向相同，工件有两轮带动做自由旋转。滚螺纹时，左轮轴心固定，右轮做径向进给运动，逐渐滚轧至螺纹深度，完成螺纹加工。滚螺纹工件直径为 0.3 ～ 120 mm，适用于大批量生产中加工外螺纹。

搓螺纹比滚螺纹生产率高。但是滚丝轮工作表面经热处理后，可在螺纹磨床上精磨，而搓丝板在热处理后精加工较难，因此滚螺纹精度比搓螺纹高，可达 IT3，R_a 可达 0.8 ～ 0.2 μm。

3. 滚轧螺纹的特点与应用

滚轧螺纹与切削螺纹相比，具有以下优点生产率高（每分钟加工 10 ～ 60 件）；螺纹工件的强度和硬度高，表面粗糙度值小，耐磨性和疲劳强度好；材料利用率高，可节约材料 16% ～ 25%，材料纤维组织分布合理，机床结构简单，加工费用低等。

滚轧螺纹对工件毛坯尺寸精度要求较高，工件材料应具有较好的塑性，硬度不能过高（应小于 37 HRC），不宜加工薄壁管件，主要用于大批量生产三角形外螺纹，如螺栓、螺钉等标准件。

习　题

1. 说明齿轮精度等级 6 GB/10095.1—2001 的意义。
2. 齿轮的成形法加工方法有哪几种？各有什么特点？
3. 滚齿加工的工艺特点与应用范围如何？滚齿机需具有哪些运动？
4. 试述插齿加工的工艺特点与应用范围。插齿机需具有哪些运动？
5. 滚齿时，滚刀为什么要扳转一个角度？右旋滚刀滚切直齿圆柱齿轮和左旋齿轮时，滚刀应扳转的角度是多少？

6. 试简述螺纹加工有哪些方法？分析比较其工艺特点和应用场合。

7. 下列零件上的螺纹，应采用哪种方法加工？为什么？

（1）20 000 个标准六角螺母，M10-7H；

（2）100 000 个十字槽沉头螺钉 M8×8g，材料为 Q215-A；

（3）30 件传动轴轴端的紧固螺纹 M20×2-6h；

（4）500 根车床丝杠螺纹的粗加工，螺纹为 M40×14（P7）-8e；

（5）10 000 个圆柱头内六角螺钉 M20×1.5-6g。

第八章　机械加工工艺过程基础知识

第一节　基本概念

一、生产过程和工艺过程

1. 生产过程

生产过程是将原材料转变为成品的各有关劳动过程的总和。对机械制造而言，包括下列过程：生产技术准备过程（如产品的试验开发、设计与制造、生产资料的准备与组织等）；毛坯的生产过程（如铸造、锻造、焊接与冲压等生产）；零件的切削加工与热处理；产品的装配、调整、检验及试车，油漆与包装；生产服务活动（如半成品、成品、工模具、切削液等运输与保管，设备维护、生产统计报表）等。

2. 工艺过程

生产过程中改变生产对象的形状、尺寸、相对位置和性能等，使其成为成品或半成品的过程称为工艺过程。如生产过程中的毛坯制造、零件加工和产品装配过程均属工艺过程。因此，可根据其具体工作内容分为铸造、锻造、冲压、焊接、机械加工、热处理、表面处理、装配等不同的工艺过程。

3. 工艺过程的组成

机械加工工艺过程是指用机械加工方法（主要是切削加工方法）逐步改变毛坯的形态（形状、尺寸以及表面质量），使其成为合格零件所进行的全部过程。它一般由工序、安装、工位、工步、走刀等不同层次的单元所组成。

（1）工序。

工序是指一个人或一组人，在一个工作地点对同一个或同时对几个工件所连续完成的那一部分工艺过程。

工序的特征是：工作地点、加工对象都不变，全部过程是连续进行的。例如，在卧式车床上车轴的两个端面，若先车轴的一个端面，然后调头车轴的另一个端面，再依同样的方法加工下一根轴，这种加工方法是在一道工序中完成的；假如先把这批轴的一个端面车好，然后再车这批轴的另一端面，那么这种加工是在两个工序内完成的。因为对每一个工件虽然在同一台车床上加工，但轴两端面的加工已不是连续进行的。

图 8.1 所示一批轴的加工，其工艺过程如表 8.1 所示，由 7 道工序组成。

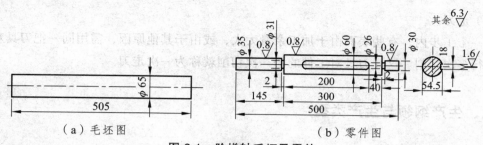

（a）毛坯图　　　　　　　　　　（b）零件图

图 8.1　阶梯轴毛坯及零件

表 8.1　阶梯轴机械加工工艺过程（单件小批生产）

工 序	工 序 内 容	工 作 地 点
1	车端面、钻中心孔	卧式车床
2	粗车各外圆、车槽，半精车各外圆、倒角	卧式车床
3	钳工划键槽线	钳工工作台
4	铣键槽	立铣床或键槽铣床
5	磨各外圆	外圆磨床
6	去毛刺	钳工工作台
7	检 验	检验台

（2）安装。

工件经一次装夹后所完成的那一部分工序称为安装。在一个工序内，工件至少需安装一次，有时也需安装多次。如表 8.1 工序 1 中，一般需要两次安装，先装夹 $\phi65$ 外圆，车一端面并钻中心孔；调头装夹 $\phi65$ 外圆，车另一端面并钻中心孔。加工中应尽量减少安装次数，因为这不仅可以减少辅助时间，而且可以减少因为安装误差而导致的加工误差。

（3）工位。

在一次装夹后，工件与夹具或设备的可动部分一起相对于刀具或设备的固定部分所占据的每一个位置上所完成的那一部分工艺过程称为工位。采用多工位加工可以减少安装次数，缩短辅助时间，提高生产率。如图 8.2 所示，利用回转工作台，在一次安装中完成工件四个等分轴向辅助孔的加工，此工序包括一个安装、四个工位。

（4）工步。

在加工表面、切削刀具和切削用量（仅指转速和进给量）都不变的情况下，所连续完成的那部分工艺过程，称为一个工步。对于转塔自动车床的加工工序来说，转塔每转换一个位置，切削刀具、加工表面以及车床的主轴转速和进给量一般均发生改变，这样就构成了不同的工步，如图 8.3 所示。

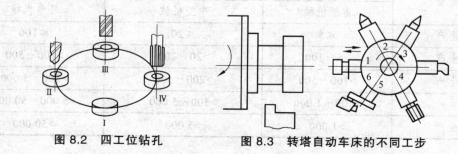

图 8.2　四工位钻孔　　　　　图 8.3　转塔自动车床的不同工步

（5）走刀。

在一个工步内，有些表面由于加工余量太大，或由于其他原因，需用同一把刀具对同一表面进行多次切削。这样刀具对工件的每一次切削就称为一次走刀。

二、生产纲领与生产类型

1. 生产纲领

企业根据市场及自身生产能力决定生产计划，在计划期内生产的产品产量和进度计划称为生产纲领。计划期一般为一年，所以生产纲领一般就是产品的年生产量（年生产纲领）。零件的年生产纲领按下列公式计算：

$$N = Qn(1+a)(1+b)$$

式中　N——零件的生产纲领（件/年）；

　　　Q——产品的年产量（台/年）；

　　　n——每台产品中所含该零件的数量（件/台）；

　　　a——零件的备品率（%）；

　　　b——零件的废品率（%）。

2. 生产类型

根据零件的生产纲领即可确定零件的生产类型。

（1）单件生产：产品品种不固定，每一品种的产品数量很少，工作地点的加工对象经常改变，如重型机械、专用设备、新产品试制等一般属于单件生产。

（2）成批生产：产品品种基本固定，但数量少，品种较多，需要周期性地轮换生产，大多数工作地点的加工对象是周期性的变换，如机床、电机制造一般属于成批生产。

在成批生产中，根据批量大小可分为小批、中批和大批生产。

（3）大量生产：产品品种固定，产量很大，工作地点的加工对象固定不变，如汽车、轴承制造等一般属于大量生产。

表 8.2 为生产类型与生产纲领的关系。

表 8.2　生产类型与生产纲领的关系

生产类型	零件的生产纲领		
	重型机械	中型机械	轻型机械
单件生产	≤5	≤20	≤100
小批生产	>5～100	>20～200	>100～500
中批生产	>100～300	>200～500	>500～5 000
大批生产	>300～1 000	>500～5 000	>5 000～50 000
大量生产	>1 000	>5 000	>50 000

第二节　机械加工工艺规程的制订

一、机械加工工艺规程

工艺规程是将比较合理的工艺过程确定下来以表格形式写成工艺文件。根据生产过程工艺性质的不同，有毛坯制造、热处理、表面处理及装配等不同的工艺规程。其中规定零件机械加工工艺过程和操作方法的工艺文件叫做机械加工工艺规程。

1. 工艺规程的作用

一般来说，大批大量生产类型要求有细致和严密的组织工作，因此要求有比较详细的工艺规程。单件小批生产由于分工上比较粗糙，因此其工艺规程可以简单一些。但是，不论生产类型如何，都必须有工艺规程，这是因为：

（1）工艺规程是指导生产的主要技术文件。合理的工艺规程是根据理论与实验制订的，体现企业与部门的技术水平，根据它组织生产可以达到较高的质量、生产率以及获得较好的经济效益。一切生产人员都不得随意违反工艺规程。但是，工艺规程不是一成不变的，它要随着技术的不断发展，吸收先进经验不断改进完善，永保其合理性，以便更好地指导生产。

（2）工艺规程是生产组织与管理工作的基本依据。生产组织与管理工作离不开工艺规程，在产品投入生产以前，需要做大量的准备工作。例如，关键技术的分析与研究；刀、夹、量具的设计、制造或采购；原材料、毛坯的制造或采购；设备改装或新设备的购置；劳动力的组织；生产成本核算等，这些工作都以工艺规程作为基本依据来展开。

（3）工艺规程是新建或扩建工厂或车间的基本资料。生产中要新建或扩建车间（或工段），根据工艺规程确定机床的种类和数量，确定机床的布置和动力配置，确定生产面积和工人的数量，以及辅助部门的安排等。

2. 工艺规程的形式

机械加工工艺规程的形式有多种，最常用的有机械加工工艺过程卡片、机械加工工艺卡片和机械加工工序卡片。

（1）机械加工工艺过程卡片。工艺过程卡片是以工序为单位简要说明产品或零、部件的加工过程的一种工艺文件。在单间小批生产中通常不编制比它更详细的工艺文件，而以这种卡片指导生产。工艺过程卡的格式如表 8.3 所示。

（2）机械加工工艺卡片。工艺卡片是按产品或零、部件的某一工艺阶段编制的一种工艺文件。它以工序为单元，详细说明产品（或零、部件）在某一工艺阶段中的工序号、工序名称、工序内容、工艺参数、操作要求以及采用的设备和工艺装备等，其格式如表 8.4 所示。

（3）机械加工工序卡片。工序卡片是在工艺过程卡片或工艺卡片的基础上，按每道工序所编制的一种工艺文件。一般具有工序简图，并详细说明该工序的每个工步的加工内容、工艺参数、操作要求以及所用设备和工艺装备等，其格式如表 8.5 所示。

表 8.3　机械加工工艺过程卡片

机械加工工艺过程卡片	产品名称			零件名称			零件图号	
	材料	名称		毛坯	种类	零件质量（kg）	毛重	
		牌号			尺寸		净重	
		性能	每料件数			每台件数	每批件数	

工序号	工序内容		加工车间	设备名称及编号	工艺装备名称及编号			技术等级	时间定额（min）	
					夹具	刀具	量具		单件	准-终
更改内容										
编制	抄写		校对		审核			批准		

表 8.4　机械加工工艺卡片

厂名	机械加工工艺卡片	产品名称			零件名称			零件图号	
		材料	名称		毛坯	种类	零件质量（kg）	毛重	第页
			牌号			尺寸		净重	共页
			性能	每料件数			每台件数	每批件数	

工序	安装	工步	工序内容	同时加工零件数	切削用量			设备名称及编号	工艺装备名称及编号			技术等级	时间定额（min）	
					背吃刀量(mm)	切削速度	进给量(mm/r)		刀具	夹具	量具		单件	准-终
						(m/min)	(r/min)或(双行程数/min)							
更改内容														
编制		抄写		校对			审核			批准				

表 8.5 机械加工工序卡片

厂名	机械加工工序卡片	产品名称及型号	零件名称	零件图号	工序名称	工序号	第 页
							共 页
			车间	工段	材料	材料牌号	力学性能
			同时加工件数	每料件数	技术等级	单件时间（min）	准-终时间（min）
			设备名称	设备编号	夹具名称	夹具编号	工作液
			更改内容				

工步号	工步内容	计算数据（mm）			走刀次数	切削用量				工时定额（min）			刀、量、辅工具			
		直径或长度	进给长度	单边余量		背吃刀量(mm)	进给量(mm/r)或(mm/min)	(切速/min)或(双行程数/min)	切削速度(m/min)	基本时间	辅助时间	服务时间工作地点	工步号	名称	规格	编号

编制		抄写		校对		审核		批准	

3. 制订工艺规程的内容和步骤

（1）分析零件图和产品装配图。了解产品的用途、性能和工作条件，熟悉零件在产品中的作用；审查视图及尺寸是否正确；分析技术要求，找出关键技术问题；审查零件的结构工艺性。

（2）确定毛坯。包括毛坯类型及制造方法。

（3）拟订机加工工艺路线。主要内容有：选择定位基准、确定加工方法、安排加工顺序以及安排热处理、检验和其他工序。

（4）确定各工序的加工余量，计算工序尺寸及公差。

（5）确定各工序的设备、刀具、夹具、量具和辅助工具。

（6）确定各工序的切削用量。

（7）确定各主要工序的技术要求及检验方法。

（8）确定各工序的时间定额。

（9）填写工艺文件。

第三节　零件结构工艺性

零件结构工艺性是指所设计的零件在满足使用要求的前提下，制造的可行性和经济性。它包含了零件各个制造过程的工艺性，有零件结构的铸造、锻造、冲压、焊接、热处理、机械加工、装配工艺性等。在制订机械加工工艺规程时，主要进行零件结构的切削加工工艺性分析。

设计零件结构时，为获得良好的切削加工结构工艺性，在满足零件使用要求的前提下，考虑以下原则：

（1）各要素尽量形状简单、规格统一和标准，便于使用标准刀具和量具，以减少加工时刀具的调整次数。

（2）保证定位准确、夹紧可靠、安装方便。

（3）合理选择加工面的精度和粗糙度。

（4）加工面与非加工面应明显分开。

（5）有位置精度要求的表面应尽量在一次安装下加工出来。

（6）零件应有足够的刚性，防止在加工中产生变形，影响精度。

（7）便于装配和拆卸。

表 8.6 列举了生产中常见的结构工艺性分析实例，供参考。

表 8.6　结构工艺性分析实例

序号	结构工艺性内容	不　　好	好
1	尽量减少大平面加工		
2	尽量减少深孔加工		
3	键槽应在同一方向		

续表 8.6

序号	结构工艺性内容	不　　好	好
4	（1）加工面与非加工面应明显分开 （2）凸台高度相同，一次加工出来	$a=1$	$a=3\sim5$
5	槽的宽度应尽量相同	4　3	4　3
6	磨削表面应有退刀槽	0.8　0.8	
7	（1）螺纹口应有倒角 （2）根部有退刀槽		
8	孔离箱壁不应太近		
9	槽底与母线平，易划伤加工表面		
10	磨削锥面时易碰伤加工面		

续表 8.6

序号	结构工艺性内容	不　　　好	好
11	（1）斜面钻孔易引偏 （2）出口有台阶易打刀		
12	孔内加工环槽不方便		
13	同一组件上的不同表面应 顺次装配		
14	床身与油盘连接螺钉应在 易装配地方		
15	箱体内搭子上不易 加工油孔		
16	轴承内外圈应拆卸方便		
17	螺钉应有足够装配空间		

第四节　工件的定位、装夹与基准

一、工件的定位

工件在机床和夹具中相对刀具所处正确位置的确定过程，称为工件的定位。

1. 六点定位规则

任何工件在直角坐标系中都有 6 个自由度，如图 8.4 所示。工件沿 3 个坐标轴的移动和绕 3 个坐标轴的转动，分别用 $\vec{x}$，$\vec{y}$，$\vec{z}$ 和 $\hat{x}$，$\hat{y}$，$\hat{z}$ 表示。要使工件在夹具中占据一定的正确位置，就必须限制这 6 个自由度。

工件定位时，通常是用 1 个支承限制工件的 1 个自由度。如图 8.5 所示，在 xOy 平面上的 3 个支承点（1，2，3）限制了 $\hat{x}$，$\hat{y}$，$\vec{z}$ 3 个自由度；在 yOz 平面上的 2 个支承点（4，5）限制 $\vec{x}$，$\hat{z}$，z 自由度；在 xOz 平面上的 1 个支承点（6）限制 $\vec{y}$ 自由度。此时，工件的 6 个自由度完全被限制，称作六点定位规则。

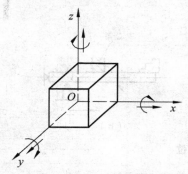

图 8.4　自由刚体的自由度

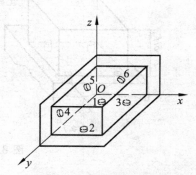

图 8.5　六点定位规则

2. 完全定位与不完全定位

（1）完全定位。用 6 个支承点限制工件的全部 6 个自由度的定位方式称为完全定位。当工件在 x，y，z 3 个坐标方向上均有尺寸要求或位置精度要求时，一般采用这种定位方式。如图 8.6（a）所示，加工键槽时，为保证加工尺寸 a，b，c，需限制工件的 6 个自由度。

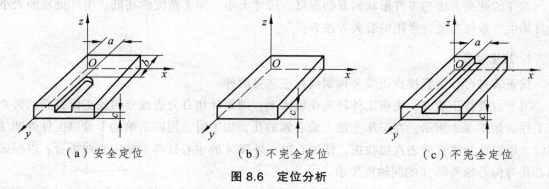

（a）安全定位　　　　　　　　（b）不完全定位　　　　　　　　（c）不完全定位

图 8.6　定位分析

（2）不完全定位。有些工件，根据加工要求并不需要限制其全部自由度，而应根据不同工件的具体加工要求，限制那些对加工精度有影响的自由度。图 8.6（b）所示为加工一个要求保证尺寸 c 及上、下平面平行的工件，只要限制 $\hat{x}$，$\hat{y}$，$\bar{z}$ 3 个自由度即可满足加工要求；又如图 8.6（c）所示，由于加工的是通槽，工件沿 $\bar{y}$ 的自由度并不影响通槽的加工要求，可采用 5 点定位。这种没有完全限制 6 个自由度的定位，称为不完全定位。

3. 欠定位与过定位

（1）欠定位。工件定位时，应当限制的自由度未被限制称为欠定位。欠定位工件不能正确定位，不能保证加工质量，是不允许的。

（2）过定位。用两个或两个以上定位支承点重复限制同一个自由度，这种重复定位的现象叫做过定位。图 8.7 所示为 4 个支承钉支承一个平面的定位。4 个点只消除了 $\hat{x}$，$\hat{y}$，$\bar{z}$ 3 个自由度，是过定位。如果平面加工很平，4 个支承钉在同一平面内，则可提高工件的稳定性，生产中是允许的。但如果定位表面不平，实际只有 3 点接触，则这种过定位就不合理。

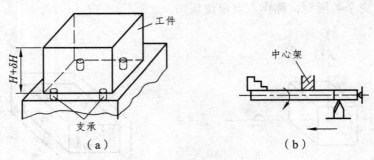

图 8.7　过定位

一般来说，过定位在生产中是不允许的，它会引起工件的变形，影响加工精度。但在定位基准精度和定位件精度很高的情况下，过定位不影响工件的正确定位，生产中是存在的。

二、工件的装夹

工件的装夹方法与工件形状的复杂程度、尺寸大小、加工精度的高低、生产批量的大小及具体生产条件有关，常用的装夹方法有：

1. 找正装夹

找正装夹可分为直接找正装夹和划线找正装夹两种。

（1）直接找正装夹：先将工件轻夹在机床上，用划针和百分表或目测找正位置后，再夹紧工件。如图 8.8 所示，在车床上加工偏心轴的孔，加工时，用四爪单动卡盘以工件外圆 B 定位，用划针盘或百分表直接找正，使偏心轴小外圆 A 的中心线与主轴中心线重合，以保证偏心孔与偏心轴外圆 A 的同轴度要求。

直接找正法特别费时，甚至找正时间比加工时间还要长，生产率低，所以多用于单件小批生产或大型工件生产。当工件定位精度要求很高时（如 0.01～0.005 mm），可找有经验的工人，采用直接找正装夹。

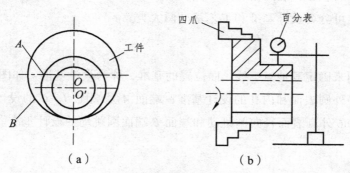

图 8.8　直接找正法

（2）划线找正装夹：先在待加工的毛坯或半成品上划出被加工表面的位置线，然后在机床上用划针以划线为基准找正位置的一种装夹方法。由于划线和找正时误差都较大，因此工件的定位精度较低，用这种方法装夹工件也较费时。

由于毛坯件精度较低，各表面间位置误差较大，在单件小批生产中，采用划线找正法，可以调整各加工表面的加工余量，使加工面与非加工面间的位置误差不致过大。故此法适用于批量不大、毛坯误差大、形状复杂笨重且无法采用夹具装夹的工件。

2. 夹具装夹

夹具是根据工件某一道工序的具体情况专门设计的、用来装夹工件（和引导刀具）的装置。使用夹具装夹工件的方法称为夹具装夹。装夹时利用定位元件和夹紧机构，无需找正便可以迅速准确地将工件装夹在机床上。图 8.9 是为了在角钢上钻孔而设计的夹具。使用螺钉 2 和压杆 3 把角钢 7 压紧在夹具体 1 的支承面 4 和 5 上，然后使钻头通过导向套 6 在角钢上钻孔，以满足孔的位置精度要求。

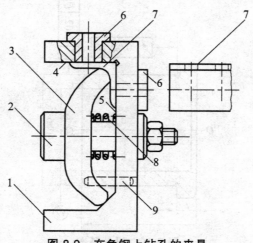

图 8.9　在角钢上钻孔的夹具

1—夹具体；2—螺钉；3—压杆；4、5—支承面；6—导向套；7—角钢；8—弹簧；9—支承销

三、基　准

基准就是依据的意思，它是指确定零件上其他点、线、面所依据的那些点、线、面。根据功用不同，基准可分为设计基准和工艺基准两大类。

1. 设计基准

在零件图上用来确定其他点、线、面位置的基准，称为设计基准。如图 8.10 所示的钻套零件，轴心线是各外圆表面和内孔的设计基准；端面 A 是端面 B、C 的设计基准；内孔表面 D 的轴心线是 ϕ40h6 外圆表面径向圆跳动和端面 B 端面圆跳动的设计基准。

2. 工艺基准

工艺基准是指在工艺过程中所采用的基准。工艺基准按用途不同可以分为工序基准、定位基准、测量基准和装配基准等。

（1）定位基准：在加工时工件用于定位的基准。在使用夹具时，定位基准就是工件上与夹具定位元件相接触的表面。定位基准是获得零件尺寸的直接基准。定位基准又分为粗基准和精基准。把未经机械加工的表面作为定位基准时，称为粗基准；经过机械加工的表面作为定位基准时，称为精基准。机械加工工艺规程中第一道机械加工工序所采用的定位基准都是粗基准。

（2）测量基准：用来测量工件的形状、位置和尺寸误差时所采用的基准。

（3）装配基准：在装配时用来确定零件或部件在产品中相对位置所采用的基准。

作为工艺基准的点、线，总是有具体的表面来体现的，这个表面被称为基面。如图 8.10 所示，钻套中心线并不具体存在，而是由内孔表面来体现的，因而内孔是钻套的定位、测量和装配基面。

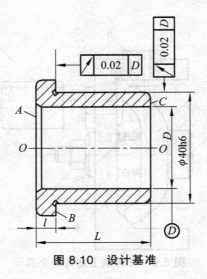

图 8.10　设计基准

第五节　表面加工方法的选择

一、常见表面的加工方法

零件都是由一些最基本的几何表面组成的。典型几何表面（平面、外圆、孔）的加工方法与特点分别如表 8.7 ~ 8.9 所示。

表 8.7　平面加工方法及特点

加工方法	加工情况	经济精度（IT）	表面粗糙度 R_a（μm）	应用场合
铣	粗　铣	11 ~ 13	20 ~ 5	精度要求不太高的不淬硬表面，各种批量生产
	半精铣	8 ~ 11	10 ~ 2.5	
	精　铣	6 ~ 8	5 ~ 0.63	
车	半精车	8 ~ 11	10 ~ 2.5	回转体零件的端面
	精　车	6 ~ 8	5 ~ 1.25	
	金刚车	6	1.25 ~ 0.02	
刨	粗　刨	11 ~ 13	20 ~ 5	精度要求不太高的不淬硬表面，中、小批量生产
	半精刨	8 ~ 11	10 ~ 2.5	
	精　刨	6 ~ 8	5 ~ 0.63	
	宽刃精刨	6	1.25 ~ 0.16	
拉	粗　拉	10 ~ 11	20 ~ 5	大量生产较小的平面，精度较好
	精　拉	6 ~ 9	2.5 ~ 3.2	
磨	粗　磨	8 ~ 10	10 ~ 1.25	精度要求较高的淬硬和不淬硬表面
	半精磨	8 ~ 9	2.5 ~ 0.63	
	精　磨	6 ~ 8	1.25 ~ 0.16	
	精密磨	5	0.32 ~ 0.04	

表 8.8　外圆加工方法及特点

加工方法	加工情况	经济精度 IT	表面粗糙度 R_a（μm）	应用场合
刮	25 × 25 mm² 内点数	8 ~ 10	1.25 ~ 0.63	表面粗糙度较小的单件小批生产
		10 ~ 13	0.63 ~ 0.32	
		13 ~ 16	0.32 ~ 0.16	
		16 ~ 20	0.16 ~ 0.08	
		20 ~ 25	0.08 ~ 0.04	
研　磨	粗　研	6	0.63 ~ 0.16	高精度平面
	精　研	5	0.32 ~ 0.04	
滚　压		7 ~ 10		提高强度，降低粗糙度

续表 8.8

加工方法	加工情况	经济精度 IT	表面粗糙度 R_a（μm）	应用场合
车	粗　车	12～13	80～10	适用于淬火钢以外的金属
	半精车	10～11	10～2.5	
	精　车	7～8	5～1.25	
	金刚车	5～6	1.25～0.02	
铣	粗　铣	12～13	80～10	单件小批的非淬硬金属
	半精铣	11～12	10～2.5	
	精　铣	8～9	2.5～1.25	
磨	粗　磨	8～9	10～1.25	主要用于淬火钢的精加工，但不适于有色金属
	半精磨	7～8	2.5～0.63	
	精　磨	6～7	1.25～0.16	
	精密磨	5～6	0.32～0.08	
抛　光			1.25～0.008	高精度、很小的表面粗糙度的加工
研　磨	粗　研	5～6	0.63～0.16	
	精　研	5	0.32～0.04	
滚　压		6～7	1.25～0.16	

表 8.9　孔加工方法及特点

加工方法	加工情况	经济精度 IT	表面粗糙度 R_a（μm）	应用场合
钻		10～13	80～5	加工未淬火钢及铸铁毛坯，也可以加工有色金属，孔径不能太大，一般为标准尺寸
扩	粗　扩	12～13	20～5	
	精　扩	9～11	10～1.25	
铰	半精铰	8～9	10～1.25	
	精　铰	6～7	5～0.32	
	手　铰	5	1.25～0.08	
拉	粗　拉	9～10	5～1.25	大批大量生产
	精　拉	7～9	1.25～0.16	
镗	粗　镗	12～13	20～5	除淬火钢外所有材料
	半精镗	10～11	10～2.5	
	精　镗	7～9	5～0.63	
	金刚镗	5～7	1.25～0.16	
磨	粗　磨	9～11	10～1.25	淬火与非淬火钢的精加工
	半精磨	8～9	1.25～0.32	
	精　磨	7～8	1.63～0.08	
	精密磨	6～7	0.16～0.04	
珩	粗　珩	5～6	1.25～0.16	用于较高精度、很小表面粗糙度的精加工
	精　珩	5	0.32～0.04	
研　磨	粗　研	5～6	0.63～0.16	
	精　研	5	0.32～0.04	

二、典型表面的加工路线

1. 平面加工路线（见图 8.11）

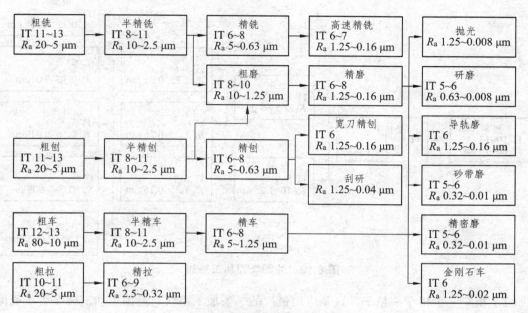

图 8.11　平面加工路线

平面加工主要分为下面 5 条基本路线：

（1）粗铣—半精铣—精铣—高速铣。在平面加工中，铣削加工用得最多。这主要是因为铣削生产率高。近代发展起来的高速铣，其加工精度较高（IT6 ~ IT7），表面粗糙度也较小。

（2）粗刨—半精刨—精刨—宽刀精刨、刮研或研磨。刨削加工对于窄长面的加工来说，生产率并不低。宽刀精刨多用于大平面或机床床身导轨面加工，其加工精度和表面粗糙度都比较好，在单件、成批生产中被广泛应用。

刮研是获得精密平面的传统加工方法。这种加工方法劳动量大、生产率低，在大批量生产的一般平面加工中有被磨削取代的趋势。但在单件小批生产或修配工作中，仍有广泛应用。

（3）粗铣（刨）—半精铣（刨）—粗磨—精磨—研磨、精密磨、砂带磨或抛光。如果被加工平面有淬火要求，则可在半精铣（刨）后安排淬火。淬火后需要安排磨削工序，视平面精度和表面粗糙度要求，可以只安排粗磨，亦可只安排粗磨—精磨，还可以在精磨后安排研磨或精密磨。

（4）粗拉—精拉。这条加工路线主要在大批大量生产中采用。生产率高，尤其对有沟槽或台阶的表面，拉削加工的优点更加突出。

（5）粗车—半精车—精车—金刚石车。这条加工路线主要用于有色金属零件的平面加工，这些平面是外圆或孔的端面。

2. 外圆表面加工路线（见图 8.12）

零件的外圆表面主要采用下列 4 条基本加工路线来加工。

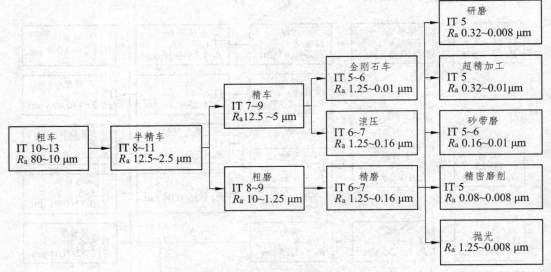

图 8.12 外圆表面加工路线

（1）粗车—半精车—精车。这是应用最广的一条加工路线，适用于加工精度等于或低于 IT7、表面粗糙度 R_a 等于或大于 0.8 μm 的可车削材料的外圆表面。

（2）粗车—半精车—粗磨—精磨。对于黑色金属材料，特别是对半精车后有淬火要求、加工精度等于或低于 IT6、表面粗糙度 R_a 大于或等于 0.16 μm 的外圆表面，一般可安排在这条加工路线中加工。

（3）粗车—半精车—精车—金刚石车。主要适用于工件材料为有色金属（如铜、铝），不宜采用磨削方法加工的高精度外圆表面。

（4）粗车—半精车—粗磨—精磨—研磨、超精加工、砂带磨、镜面磨或抛光。这是在前面加工路线（2）以后又进行研磨、超精加工、砂带磨、镜面磨或抛光等精密、超精密加工或光整加工的工序。这些加工方法多以减小表面粗糙度、提高尺寸精度、形状和位置精度为主要目的，有些加工方法，如抛光、砂带磨等则以减小表面粗糙度为主。

3. 孔加工线路（见图 8.13）

孔的加工可分为下列四条基本加工路线：

（1）钻—粗拉—精拉。这条加工路线多用于大批大量生产盘套类零件的圆孔、单键孔和花键孔的加工。其加工质量稳定、生产效率高。当工件上没有铸出或锻出毛坯孔时，第一道工序需安排钻孔；当工件上已有毛坯孔时，则第一道工序需安排粗镗孔，以保证孔的位置精度。如果模锻孔的精度较好，也可以直接安排拉削加工。拉刀是定尺寸刀具，经拉削加工的孔一般为 7 级精度的基准孔（H7）。

（2）钻—扩—铰—手铰。这是一条应用最为广泛的加工路线，在各种生产类型中都有应用，多用于中、小孔加工。其中扩孔有纠正位置精度的能力，铰孔只能保证尺寸、形状精度和减小孔的表面粗糙度，不能纠正位置精度。当孔的尺寸精度、形状精度要求比较高，表面粗糙度要求又比较小时，往往安排一次手铰加工。铰刀也是定尺寸刀具，经过铰孔加工可获得 7 级精度的基准孔（H7）。

（3）钻（或粗镗）—半精镗—精镗—浮动镗或金刚镗。该路线适用于单件小批生产中的箱体孔系、位置精度要求很高的孔系。在各种生产类型中，直径比较大的孔，需要由金刚镗来保证其尺寸、形状和位置精度以及表面粗糙度。

在这条加工路线中，当毛坯上已有孔时，第一道工序安排粗镗；无孔时则第一道工序安排钻孔。后面的工序视零件的精度要求，可安排半精镗、半精镗—精镗、半精镗—精镗—浮动镗、半精镗—精镗—金刚镗。

（4）钻（粗镗）—粗磨—半精磨—精磨—研磨或珩磨。这条加工路线主要用于淬硬零件加工或精度要求高的孔加工。其中研磨孔是一种精密加工方法。

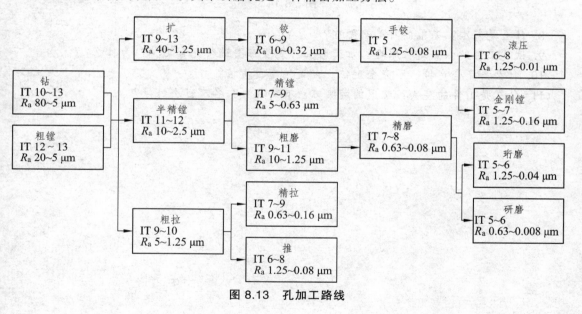

图 8.13　孔加工路线

习　题

1. 什么是生产过程？生产过程包括哪些内容？

2. 什么是工艺过程？

3. 什么是工序、工步、安装、工位？

4. 什么是生产纲领？根据生产纲领不同可以分为哪些生产类型？

5. 什么是零件的结构工艺性？它在生产中有何意义？

6. 磨削台阶孔时，如何留砂轮越程槽？试绘图说明。

7. 从切削加工的结构工艺性考虑，改进图 8.14 所示零件的结构。

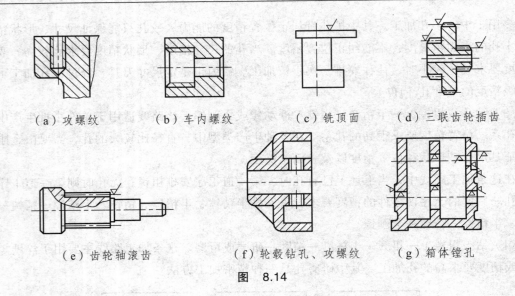

（a）攻螺纹　　　（b）车内螺纹　　　（c）铣顶面　　　（d）三联齿轮插齿

（e）齿轮轴滚齿　　　　（f）轮毂钻孔、攻螺纹　　　（g）箱体镗孔

图　8.14

8. 什么是基准？基准的种类有哪些？

9. 试述工件的六点定位原理。加工时工件是否都要进行完全定位？为什么？

10. 什么是完全定位、不完全定位、欠定位与过定位？

11. 什么是工件的装夹？常用的装夹方法有哪几种？各有什么特点？

第九章　现代制造技术简介

现代制造技术是指在传统机械制造技术的基础上，融合了当代最新科学技术成果，充分发挥人和设备的潜能，达到当代最高制造水平的机械制造技术。现代制造技术方法与种类很多，常用的有特种加工技术、精密与超精密加工技术、数控加工技术、工业机器人、成组技术、柔性制造技术、快速成形技术、计算机辅助设计与制造技术等。

现代制造技术具有以下特点：

（1）它是传统制造技术、信息技术、自动化技术、新材料技术、先进管理科学技术的有机结合，按照新的生产组织和管理建立的、集多学科成果于一体的一个完整制造体系。它克服了传统制造分工过细，专业、学科单一的局面。

（2）贯穿于产品设计、加工、装配、销售及使用维护等全过程，而传统的机械制造仅指机械加工工艺过程和装配。

（3）更加重视工程技术与经营管理的结合及售后服务，实现优质、高效、低耗、环保、清洁和灵活生产。

当前随着电子信息等高新技术的不断发展，以及市场需求的个性化与多样化，现代机械制造技术的内涵也在不断扩展，发展主要趋势体现在以下几个方面：

（1）向超精微细领域扩展。目前机械加工精度水平为：普通加工精度可达 1 μm（即微米加工），精密加工精度可达 0.1 ~ 0.01 μm（即亚微米加工），超精密加工精度已达 0.001 μm（即纳米加工，$1 \, \mu m = 10^3 \, nm$）。

（2）集成化。现代制造技术更强调技术、管理和人的集成，即信息集成、智能集成、串并行工作机制集成、资源集成、过程集成、技术集成及人员集成。如 CAD、CAPP、CAE、CAM 的出现，使设计制造融为一体；精密成形技术使热加工产品更加接近零件，淡化了传统的冷热加工界限；机器人加工工作站及柔性制造系统使加工过程、检测过程、物流过程融为一体。

（3）智能制造。智能制造系统（IMS）是一种由智能机器人和人类专家共同组成的人机一体化智能系统。它在制造过程中能进行分析、推理、判断、构思、决策等智能活动。

（4）虚拟现实技术。它主要包括虚拟制造技术和虚拟企业。

虚拟制造技术是以计算机支持的仿真技术为前提，对设计、加工、装配、维护等经统一建模形成虚拟的环境、过程和产品。在产品制出前，先在虚拟制造的环境中生成软产品原型，代替传统的硬样品进行试验，通过仿真及时发现产品设计和工艺过程中可能出现的缺陷、错误，进行产品的性能和工艺的优化，以缩短产品的设计与制造周期，降低开发成本，确保产品质量，提高系统快速响应市场变化的能力。

虚拟企业是为了快速响应市场需求，将产品涉及的不同企业临时组建一个超越空间约束、靠计算机网络联系、统一指挥的合作经济实体。即在有限的资源下，以各种（虚拟）方式借用外力来进行整合，提高企业本身的竞争能力。

（5）绿色制造。产品的设计、制造应符合环保、人类健康、低能耗、提高资源利用率等要求，产品报废后应能回收利用，且无污染。

（6）制造及服务全球化。制造全球化是发展的必然趋势。它包含企业在全球范围内的重组与集成（如虚拟公司）；制造技术信息和知识的协调、合作与共享；制造的体系结构；产品及市场的分布与协调等。

现代制造业正向服务业演变。工业产品将转向以顾客为中心的单件小批多品种生产，快速交货和低成本成为企业竞争的第一要素。未来的制造业需面向全球分布，通过网络将工厂、供应商、销售商和服务中心连在一起，为全球顾客提供全天候服务。

第一节　特种加工技术简介

特种加工的加工原理不同于传统的机械加工，它是直接利用电能、光能、电化学能、声能等去除工件上的多余材料，而不是靠机械能量切除多余材料；加工工具与工件基本不接触，没有显著的机械力，可加工超硬材料和精密细小零件，且工具硬度可比工件低。常见的特种加工有电火花加工、电解加工、激光加工、超声波加工、电子束加工、离子束加工等。

一、电火花加工

1. 电火花加工原理

电火花加工是利用脉冲放电对导体的腐蚀作用去除材料的加工方法，又称电腐蚀加工，如图 9.1 所示。加工时，工具 3 和工件 4 分别作为两个电极浸入绝缘介质（煤油等）中。脉冲电源 1 发出脉冲电压，工具电极向工件电极靠拢，电极间某凸点（间距 $0.01 \sim 0.02$ mm）处电场强度最大，使绝缘介质被击穿，液体介质被电离，形成低阻值的放电通道。在电场力的作用下，通道内的电子高速奔向阳极，离子则奔向阴极。放电通道的截面面积很小（受放电磁场力和介质的压缩），通道内的电流密度高（$10^4 \sim 10^7$ A/cm²），正负带电粒子在电极间的电场力作用下高速运动，发生剧烈碰撞，产生大量的热，同时，阴阳极表面分别受到离子流和电子流的高速轰击，也放出大量的热，使放电通道中心温度高达 10^4 ℃，放电点周围的金属迅速熔化、汽化。同时产生爆炸力，将熔化、汽化的金属微粒抛离电极表面，并在液体介质中很快冷却凝固成细小的金属颗粒被循环的液体介质带走。于是工具与工件表面上形成一个小凹坑，此处距离增大，放电结束。由于工具电极随着自动进给调节装置不断进给，第二次脉冲放电又在工具与工件间新的最近点开始，重复上述过程。如此脉冲放电不断进行，在工件表面上腐蚀出无数微小的凹坑，使工具电极的轮廓形状"复印"在工件上。

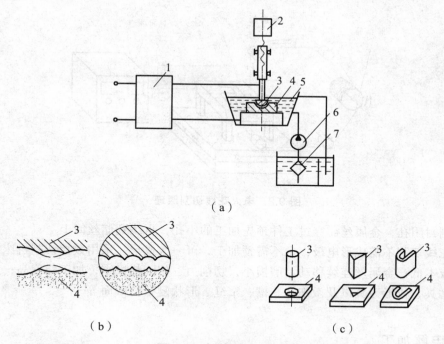

（a）

（b）　　　　　　　　　　　（c）

图 9.1　电火花加工原理

1—脉冲电源；2—电液伺服系统；3—工具电极；4—工件；5—液体介质；6—泵；7—过滤器

电火花加工大致分为四个阶段：液体绝缘介质被击穿电离；脉冲火花放电；金属被熔化、汽化；金属微粒被抛离。

为减少工具损耗，工具应接在蚀除量较小的电极上。一般用短脉冲加工时，正极的蚀除量大于负极的蚀除量，工件应接正极（称正极性加工）；当用较长脉冲加工时，负极的蚀除量大于正极的蚀除量，工件应接负极。

2. 电火花加工特点和应用

电火花可以加工任何导电材料，在一定条件下还可加工半导体和非导电材料；加工时无切削力，有利于小孔、薄壁、窄槽以及各种形状复杂的孔、型腔等零件的加工，也适用于精密微细加工；脉冲参数可任意调节，可在一台机床上连续进行粗加工、半精加工和精加工。

电火花加工应用很广，主要用于：加工各种型孔（圆孔、方孔、异形孔等）、弯孔（如螺旋孔）和直径在 0.01 ~ 1 mm 的小孔（如拉丝模上的微细孔、光栅孔）；加工各类锻模、压铸模、挤压模的型腔和叶轮、叶片等各种曲面；进行线切割；还可进行电火花磨削平面、内外圆、小孔，表面强化，打印迹，刻花纹等。

3. 电火花线切割

电火花加工是靠成形的工具电极复印在工件上；而电火花线切割是利用运动着的金属丝（直径 0.02 ~ 0.03 mm 的钼丝、钨丝等）作为工具电极，在工具电极和工件电极间，通脉冲电流，使其产生放电腐蚀。工件按预定轨迹运动，被切割成形，如图 9.2 所示。

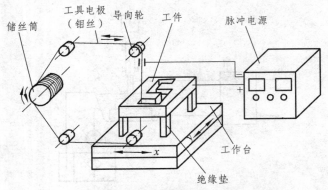

图 9.2　电火花线切割原理

若切割封闭孔，金属丝需穿过工件预先加工的小孔，再绕到储丝筒上。

电火花线切割不需成形电极，也不需预加工，可一次成形。采用数控切割机床，自动进行切割，成本低；金属丝连续移动，磨损小，切削力、切削热极小，加工精度高；广泛用于加工各种磨具、成形刀具以及微细孔、槽、窄缝、形状复杂的截面等。

二、电解加工

1. 电解加工原理

若将两块通以直流电的金属板放入导电的电解液中，会出现正极（阳极）金属板加快腐蚀的现象，即为金属的阳极溶解。电解加工是利用金属在电解液中产生阳极溶解的电化学腐蚀原理将工件加工成形的一种加工方法（也称电化学加工）。其工作原理如图 9.3 所示，在工件和工具之间接入低电压（6～24 V）、大电流（500～20 000 A）的稳压直流电源，工具阴极做恒速进给，并使两极保持一定间隙（0.1～0.8 mm），具有一定压力（0.5～2 MPa）的电解液高速流过两极间的缝隙。这样工件表面发生阳极溶解，电解产物被高速流动的电解液带走，使阳极溶解不断进行。

电解加工时，工件与工具电极距离不同，则电流密度不同。距离近的电流密度大，阳极溶解速度快；反之，阳极溶解速度慢。工具阴极不断进给，即可得到与工具形面相似的工件。

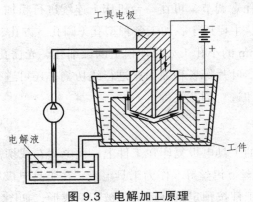

图 9.3　电解加工原理

2. 电解加工特点和应用

电解可加工高硬度、高强度等难加工材料（如硬质合金、不锈钢、耐热钢、钛合金等），可一次加工出形状复杂的型面或型腔，生产率比电火花加工高 5~10 倍。加工中阴极不损耗，一般可加工上千个零件。电解液一般都有腐蚀性，电解产物有污染，需对机床采取防腐措施和环境保护。

电解加工主要用于加工各种形状复杂的型面（如汽轮机、航空发动机叶片）、各种型腔模具（如锻模、冲压模）、型孔、深孔、套料、膛线（如炮弹、枪管的来复线）等，还可进行抛光、去毛刺、切割和刻印等。电解加工适于成批和大量生产，多用于粗加工和半精加工。

3. 电解磨削

电解磨削是将电解加工与机械磨削相结合的一种复合加工，其加工原理如图 9.4（a）所示。磨削时工件 4 接直流电源的正极，导电的磨轮接电源的负极，两电极间由磨粒 2 保持一定的电解间隙，电解液由喷嘴喷入磨粒与工件的缝隙内。工件表面发生阳极溶解后，通过砂轮的磨削作用将溶解层和阳极薄膜 5 刮除，由电解液带走。

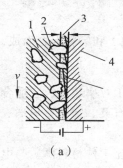
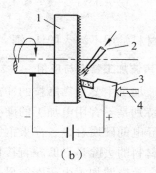

（a）　　　　　　　　　　　（b）

图 9.4　电解磨削原理

1—结合剂；2—磨粒；3—电极间隙及电解液；　　　1—金属结合剂的金刚石砂轮；2—电解液；
4—工件；5—阳极薄膜　　　　　　　　　　　　3—工件；4—加压方向

电解磨削是以电解作用为主，磨削只起刮除溶解层的机械作用，几乎不产生磨削力和磨削热，所以生产率高，磨轮损耗小，工件精度高，表面质量好，R_a 可达 0.025~0.012 μm，适合磨削硬质合金等磨具的小直径深孔、深槽以及刀具的刃磨等。但电解液有腐蚀性，应加强设备防护和劳动保护。

三、超声波加工

1. 超声波加工原理

振动频率超过 16 000 Hz 的声波叫做超声波。它对其传播方向上的障碍物产生很大的压力，故可以进行机械加工。如图 9.5 所示，超声波发生器 5 产生超声频电振荡，通过能量转换器 7 将其转换为超声机械振动。机械振动的振幅很小，需通过振幅扩大棒 8 将振幅扩大。工具 9 固定在振幅扩大棒端部，获得超声频机械振动。工具与工件 10 间注入的悬浮液 1 受到工具的超声振动，高速冲击工件表面，其冲击加速度可达重力加速度的一万倍以上，在瞬间高压作用下使材料产生局部破碎。由于悬浮液的搅动，磨粒还以很高的速度抛光研磨工件表面。随着悬浮液的循环流动，磨料不断得到更新，同时带走被粉碎下来的材料微粒。加工中，工具逐渐向工件伸入，工具的形状便"复印"在工件上。

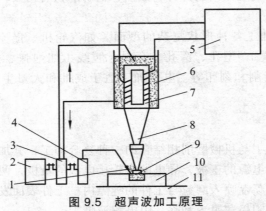

图 9.5　超声波加工原理

1—悬浮液；2—电动机 3—冷却泵；4—磨料泵；5—超声波发生器；6—冷却水箱；
7—能量转换器；8—振幅扩大棒；9—工具；10—工件；11—工作台

工具材料常用不淬火的 45 钢，悬浮液由液体（水、煤油）和磨料混合而成。

2. 超声波加工特点与应用

超声波加工主要是靠磨粒的冲击作用，故材料越脆，加工效率越高。它适合加工各种脆性材料，特别是不宜用电加工的硬脆材料，如玻璃、陶瓷、石英、宝石、玛瑙、金刚石等；也可加工导电的硬质合金、淬火钢等，但生产率低。

工件材料的去除是靠磨粒直接作用，所以磨料硬度一般比工件材料高。与电火花、电解加工相比，超声波加工由于磨粒尺寸极小，故加工精度较高，但生产率较低。超声波加工不需要工具旋转，易于加工各种形状复杂的型腔和成形表面，采用中空形状的工具，还可实现各种形状套料的加工。图 9.6 为超声波加工应用示例。

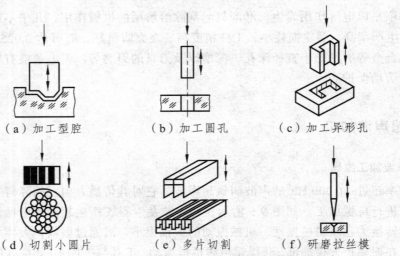

（a）加工型腔　　　　（b）加工圆孔　　　　（c）加工异形孔

（d）切割小圆片　　　（e）多片切割　　　　（f）研磨拉丝模

图 9.6　超声波加工应用示例

四、激光加工

1. 激光加工的基本原理

激光是一种亮度高（比太阳表面高 10^{10} 倍）、方向性好（发散角极小）、单色性好（波长或频率趋于确定值）的相干光。利用激光的这种特性，经光学透镜聚焦成极小的光斑（直径是几微米至几十微米），该处功率密度可达 $10^8 \sim 10^{10}\ \text{W/cm}^2$，温度可高至上万度，任何坚硬的材料都将瞬时急剧熔化和蒸发，并产生很强烈的冲击波，使熔化物质爆炸式的喷射去除，如图 9.7 所示。激光加工就是利用这样的原理进行细微的打孔、切割工作的。

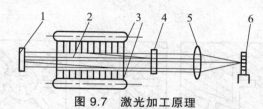

图 9.7　激光加工原理

1—全反射镜；2—激光工作物质；3—光泵；4—部分反射镜；5—透镜；6—工件

2. 激光加工的特点及应用

几乎所有的金属材料和非金属材料都可以用激光来加工；激光加工速度快，效率高；热影响区小，无机械力的作用，易保证精度；能进行微细加工，如孔径可达 0.001 mm 及几微米的窄缝；不需用工具，易实现自动化；可透过玻璃等透明介质对工件进行加工。

激光加工适于打孔，如加工喷丝头（直径为 100 mm 的硬质合金材料，打 12 000 个孔径 0.06 mm 的孔）、金刚石、红宝石、陶瓷、橡胶、塑料等孔；激光可对很多材料进行切割，切割厚度达几十毫米，切缝宽度一般为 0.1 ~ 0.5 mm；激光还可以对精密零件进行刻线，激光焊接和激光热处理等。

五、电子束加工

1. 电子束加工的基本原理

电子束加工过程是在真空条件下，由电子枪射出高速运动的（相当于 1/2 ~ 1/3 光速）电子束（带负电荷），经电磁透镜聚焦后，其最小直径可达 0.1 μm，能量密度可达 $10^6 \sim 10^9\ \text{W/cm}^2$，轰击工件（阳极）表面，使轰击处达到几千度的高温而瞬间（几分之一秒内）熔化、汽化、喷射去处，如图 9.8 所示。电磁透镜实质上是一个通以直流电的多匝线圈，利用磁场力可使电子束聚焦，其作用与光学玻璃透镜相似。偏转器也是一个多匝线圈，当通以不同的交流电时，产生不同的磁场，而使电子束按照加工需要做相应的偏转。

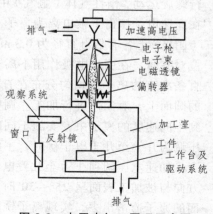

图 9.8　电子束加工原理示意图

2. 电子束加工的特点和应用

电子束加工在真空中进行，能防止加工件受污染和被氧化；但由于加工系统需要高真空和高电压，且须防止 X 射线逸出，所以设备较复杂；由于偏转磁场的变化，可使电子束在工件内部偏转方向，加工弯孔和曲面；电子束打孔速度极高，如在 0.10 mm 厚的不锈钢板上加工 ϕ0.2 mm 的孔，每秒可加工 3 000 个；穿孔的最小直径为 0.02 ~ 0.003 mm；电子束主要用于加工特硬或难熔材料（金属、非金属）的小孔、型孔、曲面等微细结构，如图 9.9 所示，也可用于焊接、表面热处理、光刻、切割、刻蚀等，如在硅钢片上刻出宽 2.5 μm、深 0.25 μm 的细槽。

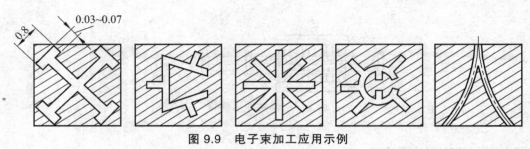

图 9.9　电子束加工应用示例

六、离子束加工

1. 离子束加工的基本原理

离子束加工是指在真空条件下，将离子源产生的离子束经过加热、聚焦后，轰击工件加工部位进行加工。其加工原理与电子束基本相似，其不同点在于：电子束主要是通过动能转化为热能进行加工，而离子束加工中带正电荷的离子，其质量比电子大数千至数万倍，具有更大的撞击功能，它是靠微观机械撞击能量轰击材料表面的原子，使工件材料产生溅射、抛出来实现加工，是一种微观作用，属于无热加工。

如图 9.10 所示，灼热的灯丝发射电子，电子在阳极的吸引和电磁线圈的偏转作用下，高速向下进行螺旋运动，惰性气体（氩气）由入口进入电离室，在高速电子撞击下被电离为离子。阳极与引出电极（阴极）上各有数百直径为 0.3 mm 的小孔，上下孔位对齐时，在引出电极作用下离子被吸出，形成数百条准直的离子束均匀分布在直径为 50 ~ 300 mm 的圆面上，对工件进行加工。调整加速电压，可得到不同速度的离子束，实施不同的加工。如加速电压调为几十至几千电子伏时，主要用于离子溅射加工；加速电压调到 1 万至几万电子伏，且离子入射方向与被加工表面呈 25° ~ 30°时，离子可将工件表面的原子撞击出去，实现离子铣削、离子蚀刻、离子抛光等；加速电压调到几十万电子伏时，离子可

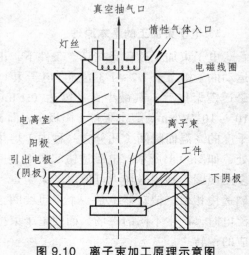

图 9.10　离子束加工原理示意图

穿入被加工材料内部，达到改变材料化学成分的目的，实现材料表面改性处理，从而改变工件表层的性能，这种方法称为离子注入，可实现离子镀覆、离子渗杂等（如半导体材料）。

2. 离子束加工的特点和应用

由于离子束易于精确定量控制，因此离子束铣削和抛光可实现纳米级超精细加工，达到极高的尺寸精度和极小的粗糙度，是目前特种加工中最精密、最细微的加工，是纳米级加工技术的基础。

离子束加工应力和变形极小，适用于加工各种材料和刚性低的零件，特别适合加工易氧化的金属、合金及半导体材料（这是因为离子束加工在高真空中进行，污染小）。但离子束加工设备昂贵、成本高、加工效率低，目前应用受限制。

第二节　成组技术

随着市场竞争的日趋激烈，产品更新换代越来越快，产品品种增多，而每种产品的生产数量却并不很多。世界上 75% ~ 80% 的机械产品是以中小批生产方式制造的。能否把大批量生产的先进工艺和高效设备以及生产方式用于组织中小批量产品的生产，一直是国际生产工程界广为关注的重大研究课题。成组技术（Group Technology，GT）便是为了解决这一矛盾应运而生的一门新的生产技术，也是针对生产中的这种需求发展起来的一种生产和管理相结合的科学。成组技术已渗透到企业生产活动的各个环节，如产品设计、生产准备和计划管理等，并成为现代数控技术、柔性制造系统和高度自动化的集成制造系统的技术基础。

一、成组技术的概念与基本原理

充分利用事物之间的相似性，将许多具有相似信息的研究对象归并成组，并用大致相同的方法来解决这一组研究对象的生产技术问题，这样就可以发挥规模生产的优势，达到提高生产效率、降低生产成本的目的，这种技术统称为成组技术。

加工零件虽然千变万化，但客观上存在着大量的相似性。有许多零件在形状、尺寸、精度、表面质量和材料等方面具有相似性，从而在加工工序、安装定位，机床设备以及工艺路线等各个方面都呈现出一定的相似性。成组技术就是对零件的相似性进行标志、归类和应用的技术。其基本原理是根据多种产品各种零件的结构形状特征和加工工艺特征，按规定的法则标志其相似性，按一定的相似程度将零件分类编组。再对成组的零件制订统一的加工方案，实现生产过程的合理化，如图 9.11 所示。成组技术基本原理是利用事物相似性的原理，进行相似性的处理，具体做法是通过找出一个代表性零件（代表性零件也可以是假拟的），即主样件。通过主样件解决全组（族）零件的加工工艺问题，设计全组零件共同能采用的工艺装备，并对现有设备进行必要的改装等。成组技术首先是从成组加工中发展起来的。划分为同一组的零件可以按相同的工艺路线在同一设备、生产单元或生产线上完成全部机械加工。一般加工工件的改变就只需进行少量的调整工作。

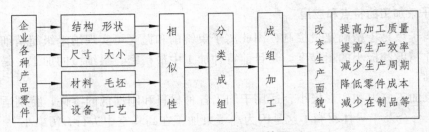

图 9.11　成组技术原理简图

实践证明，在中小批量生产中采用成组技术，可以取得最佳的综合经济效益。归纳起来，实施成组技术可以带来以下好处：

（1）将中小批量的生产变为大批大量或近似于大批大量的生产，提高生产率，稳定产品质量和一致性。

（2）减少加工设备和专用工装夹具的数目，降低固定投入和生产成本。

（3）促进产品设计标准化和规格化，减少零件的规格品种，减轻产品设计和工艺规程编制工作量。

（4）采用先进的生产组织形式和先进制造技术，实现科学生产管理。

二、常见分类编码系统

成组技术的最核心问题是对零件进行分类编码。为了对机械产品的零件进行科学的分类，便于计算机储存和识别，必须把各种零件的数据信息化。用一串数字和英文字母来描述零件的设计和工艺基本特征信息，称为零件的编码。它是标志相似性的手段，依据编码按一定的相似性和相似程度再将零件划分为加工组，因此它是成组技术的重要内容，其合理与否将会直接影响成组技术的经济效果。为此各国在成组技术研究和实践中都首先致力于分类编码系统的研究和制定。

分类编码方法的制定应该同时从设计和工艺两个方面来考虑。从设计角度考虑应使分类编码方法有利于零件的标准化，减少图纸数量，也就是减少零件品种，统一零件结构设计要素。从工艺角度考虑则应使具有相同工艺过程和方法的零件归并成组，以扩大零件批量。但是考虑到零件的工艺过程在很大程度上决定于零件的结构形状，而工艺方法又是在不断改进提高的，因此可以把编码数字分为以设计特征为基础的主码和以工艺特性为基础的辅码。目前国外常用的分类方法有多种，编码位数一般为 4~9 位，也有多达 26 位数字和字母的，把零件特征分得很细，但实际使用比较复杂。主要分类方法有西德的 Opitz 和 ZAFO，英国的 Brisch，日本的 KK-3 和丰田分类法，苏联的 BEPTH 和我国的 JLBM-1 机械零件编码法则、BLBM 兵器零件编码法则。

JCBM 分类编码是以 Opitz 分类系统为基础，结合了我国机床行业具体情况编制的。它既保留了奥匹兹系统的优点，又做了适当的改进。例如，将第一位码中回转体类减少一位给予非回转体零件——不规则形件类，辅码第七位定为长度尺寸码，有关材料和毛坯合为第八位等。

　　机械零件分类编码系统（JLBM-1）是由我国机械工业部组织制定并批准实施的分类编码系统，它是我国机械工厂实施成组技术的一项指导性技术文件。它由 15 个码位组成，其结构形式如图 9.12 所示。该系统的 1，2 码位表示零件的名称类别，它采用零件的功能和名称作为标志，以矩阵表的形式表示出来，不仅容量大，也便于设计部门检索。但由于零件的名称不规范，可能会造成混乱，因此在分类前必须先对企业的所有零件名称进行统一并使其标准化。3～9 码位是形状及加工码，分别表示回转体零件和非回转体零件的外部形状、内部形状、平面、孔及其加工与辅助加工的种类。

　　10～15 码位是辅助码，表示零件的材料、毛坯、热处理、主要尺寸和精度的特征。尺寸码规定了大型、中型与小型三个尺寸组，分别供仪表机械、一般通用机械和重型机械三种类型的企业参照使用。精度码规定了低精度、中等精度、高精度和超高精度四个等级。在中等精度和高精度两个等级中，再按有精度要求的不同加工表面而细分为几个类型，以不同的特征码来表示。

　　目前国内外均以人工编码为主。随着计算机技术的发展，已有自动编码系统研制成功，不仅提高了编码速度，而且消除了人工差错，提高了对零件信息描述的确切程度和一致性。

三、成组加工的工艺准备工作

在机械加工方面实行成组技术时，其工艺准备工作包括下述五个方面的内容。

1. 零件分类编码、划分零件组

　　各类产品的生产纲领和图纸是工艺设计的原始资料，按照拟订的分类编码法则对零件编码。在实行成组加工的初始阶段也可以对近期产品在小范围内进行，再逐步扩大到各种产品的零件。

　　零件组的划分主要依据工艺相似性，因此确定相似程度很重要。例如，代码完全相同的零件划为一组，则同组零件相似性很高而批量很少，不能体现成组效果。相似程度应依据零件特点、生产批量和设备条件等因素来确定。

　　零件分类成组是实施成组技术的又一项基础工作。为了减少现有零件工艺过程的多样性，扩大零件的工艺批量，提高工艺设计的质量，加工零件需根据其结构特征和工艺特征的相似性进行分类成组。在施行成组技术时，首先必须按照零件的相似特征将零件分类编组，然后才能以零件组为对象进行工艺设计和组织生产。零件分类成组的方法有 3 种：编码分类法、人工视检法和生产流程分析法。

2. 拟订成组工艺路线

　　选择或设计主样件，按主样件编制工艺路线，它将适合于该零件组内所有零件的加工；但对结构复杂的零件，要将组内全部形状结构要素综合而形成一个主样件，通常是困难的。此时可采用流程分析法，即分析组内各零件的工艺路线，综合成为一个工序完整、安排合理、适合全组零件的工艺路线，编制出成组工艺卡片。

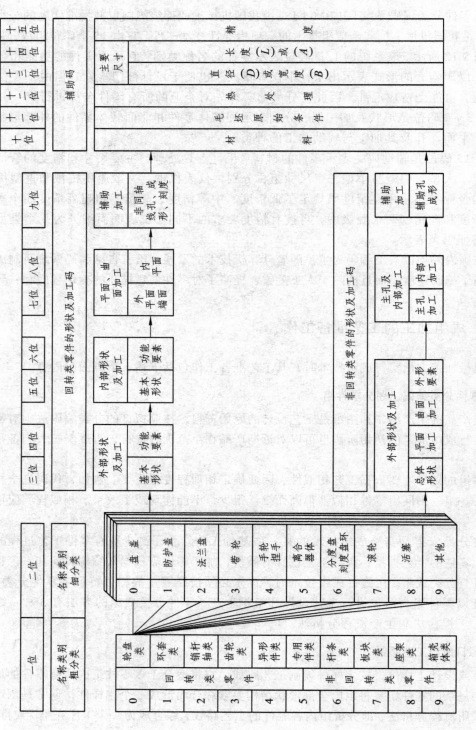

图 9.12　JLBM-1 分类编码系统结构

3. 选择设备并确定生产组织形式

成组加工的设备可以有两种选择：一是采用原有通用机床或适当改装，配备成组夹具和刀具；二是设计专用机床或高效自动化机床及工装。这两种选择相应的加工工艺方案差别很大，所以拟订零件工艺过程时应考虑到设备选择方案。各设备的台数根据工序总工时计算，应保证各台设备首先是关键设备达到较高负荷率，一般可以留 10%~15% 的负荷量供扩大相似零件加工之用。此外设备的利用率不仅是指时间负荷率，还包括设备能力的利用程度，如空间、精度和功率负荷率。

4. 设计成组夹具、刀具的结构和调整方案

这是实现成组加工的重要条件，将直接影响到成组加工的经济效果。因为改变加工对象时，要求对工艺系统只需少量的调整。如果调整费时，相当于生产过程中断，准备终结时间延长，就体现不出"成组批量"了。因此对成组夹具、刀具的设计要求是改换工件时调整简便、迅速，定位夹紧可靠，能达到生产的连续性，调整工件对工人技术水平要求不高。

5. 进行技术经济分析

成组加工应做到在稳定地保证产品质量的基础上，达到较高的生产率和较高的设备负荷率（60%~70%）。因此应根据以上制订的各类零件的加工过程，计算单件时间定额及各台设备或工装的负荷率，若负荷率不足或过高，则可调整零件组或设备选择方案。

四、成组生产组织形式

随着成组加工的推广和发展，它的生产组织形式已由初级形式的成组单机加工发展到成组生产单元、成组生产线和自动线，以至现代最先进的柔性制造系统和全盘无人化工厂。

1. 成组单机

在转塔车床、自动车床或其他数控机床上成组加工小型零件，这些零件的全部或大部分加工工序都在这一台设备上完成，这种形式称为单机成组加工。单机成组加工时机床的布置虽然与机群式生产工段类似，但在生产方式上却有着本质的差异，它是按成组工艺来组织和安排生产的。

2. 成组生产单元

在一组机床上完成一个或几个工艺相似零件组的全部工艺过程，该组机床即构成车间的一个封闭生产单元系统。这种生产单元与传统的小批量生产下所常用的"机群式"排列的生产工段是不一样的。一个机群式生产工段只能完成零件的某一个别工序，而成组生产单元却能完成一定零件组的全部工艺过程。成组生产单元的布置要考虑每台机床的合理负荷。如条件许可，应采用数控机床、加工中心代替普通机床。

成组生产单元的机床按照成组工艺过程排列，零件在单元内按各自的工艺路线流动，缩短了工序间的运输距离，减少了在制品的积压，缩短了零件的生产周期；同时零件的加工和输送不需要保持一定的节拍，使得生产的计划管理具有一定的灵活性；单元内的工人工作趋向专业化，加工质量稳定，效率比较高，所以成组生产单元是一种较好的生产组织形式。

3. 成组生产线

成组生产线是严格地按零件组的工艺过程组织起来的。在线上各工序节拍是相互一致的，所以其工作过程是连续而有节奏地进行的。这就可缩短零件的生产时间和减少在制品数量。一般在成组生产线上配备了许多高效的机床设备，使工艺过程的生产效率大为提高。

成组生产线又有两种形式：成组流水线和成组自动线。前者工件在工序间的运输是采用滚道和小车进行的，它能加工工件种类较多，在流水线上每次投产批量的变化也可以较大。成组自动线则是采用各种自动输送机构来运送工件，所以效率就更高。但它所能加工的工件种类较少，工件投产批量也不能做很大变化，工艺适应性较差。

五、成组工艺过程制订

零件分类成组后，便形成了加工组，下一步就是针对不同的加工组制订适合于组内各件的成组工艺过程。编制成组工艺的方法有两种：复合零件法和复合路线法。

复合零件又称为主样件，它包含一组零件的全部形状要素，有一定的尺寸范围，它可以是加工组中的一个实际零件，也可以是假想零件。以它作为样板零件，设计适用于全组的工艺规程。如前所述，图 9.13 中 A 即为复合零件。

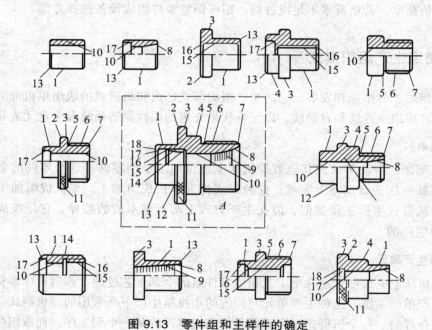

图 9.13　零件组和主样件的确定

1、3、4—外圆；2—倒角；5—退刀槽；6—外螺纹；7—螺纹倒角；8—内锥面（1）；9—内锥面（2）；
10—内圆（1）；11—滚花面；12—倒圆；13—外倒角；14—内螺纹退刀槽；
15—内螺纹；16—内螺纹倒角；17—内圆（2）；18—内倒角

在设计复合零件的工艺过程前要检查各零件组的情况，每个零件组只需要一个复合零件。对于形状简单的零件组，零件品种不超过 100 为宜，形状复杂的零件组可包含 20 种左右。这样设计出的复合零件不会过于复杂或过于简单。设计复合零件时，对于零件品种数少的零件组，应先分析全部零件图，选取形状最复杂的零件作为基础件，再把其他图样上不同的形状特征加到基础件上，就得到复合零件。对于比较大的零件组，可先分成几个小的件组，各自合成一个组合件，然后再由若干个组合件合成整个零件组的复合零件。进行工件设计时，要对零件组内各零件的工艺仔细分析，认真总结，每一个形状要素都应考虑在内，满足该零件组所有零件的加工。复合路线法是从分析加工组中各零件的工艺路线入手，从中选出一个工序最多、加工过程安排合理并有代表性的工艺路线。然后以它为基础，逐个地与同组其他零件的工艺路线比较，并把其他特有的工序，按合理的顺序叠加到有代表性的工艺路线上，使之成为一个工序齐全、安排合理、适合于同组内所有零件的复合工艺路线。

第三节　快速成形技术

快速成形技术又称快速原型制造（Rapid Prototyping Manufacturing，RPM）技术，诞生于 20 世纪 80 年代后期，是基于材料堆积法的一种高新制造技术，被认为是近 20 年来制造领域的一个重大成果。它集机械工程、CAD、逆向工程技术、分层制造技术、数控技术、材料科学、激光技术于一身，可以自动、直接、快速、精确地将设计思想转变为具有一定功能的原型或直接制造零件，从而为零件原型制作、新设计思想的校验等方面提供了一种高效低成本的实现手段。快速成形技术就是利用三维 CAD 的数据，通过快速成形机，将一层层的材料堆积成实体原型。

一、RPM 技术基本原理与特点

快速成形技术是在计算机控制下，基于离散、堆积的原理采用不同方法堆积材料，最终完成零件的成形与制造的技术。从成形角度看，零件可视为"点"或"面"的叠加。从 CAD 电子模型中离散得到"点"或"面"的几何信息，再与成形工艺参数信息结合，控制材料有规律、精确地由点到面、由面到体地堆积零件。从制造角度看，它根据 CAD 造型生成零件三维几何信息，控制多维系统，通过激光束或其他方法将材料逐层堆积而形成原型或零件。

快速成形技术的特点是：制造原型所用的材料不限，各种金属和非金属材料均可使用；原型的复制性、互换性高；制造工艺与制造原型的几何形状无关，在加工复杂曲面时更显优越；加工周期短，成本低，成本与产品复杂程度无关，一般制造费用降低 50%，加工周期节约 70% 以上；高度技术集成，可实现设计制造一体化。

二、快速成型技术流程

快速成形技术流程如图 9.14 所示。

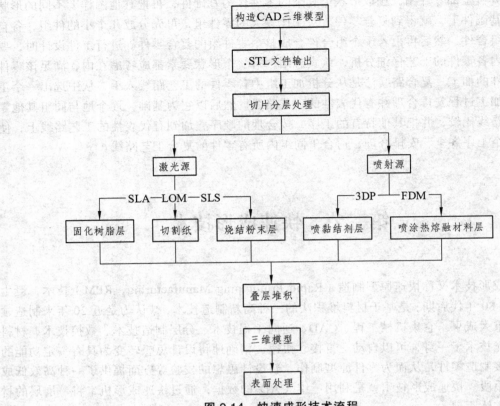

图 9.14　快速成形技术流程

1. 计算机辅助设计 CAD 构建三维模型或三维扫描仪实体扫描

设计 1 个零件，在计算机上利用三维 CAD 系统进行设计，建立一个三维实体模型。模型建立后计算机直接生成.STL 格式文件，输出到快速成形设备上进行模型制造。

另外，通过三维扫描仪对实体模型或零件进行扫描，也可以在快速原型设备上制造实体模型。三维扫描技术是利用激光等技术对已经存在的物体进行扫描，然后将扫描的结果转换为三维图像，并可以在三维 CAD 软件上进行修改或调整，然后通过快速原型设备加工出模型。

2. 三维 CAD 模型转换为.STL 文件

三维 CAD 系统的文件需要转换成美国 3D 公司的.STL 文件格式，快速原型设备利用切片程序将.STL 文件作为输入数据，生成三维实体的每一组片层。

3. 快速原型制造

快速原型制造设备根据.STL 数据，将三维 CAD 模型沿高度的水平面逐层"切割"为一定厚度的片层，用感光聚酯、纸、塑料、塑料粉末等材料，通过激光感光、激光切割、激光固化等方法，逐层堆积形成零件模型。一般"切割"的层片每层厚度为 0.1 ~ 0.2 mm，每层片层的加工处理时间为 60 ~ 80 s，一个零件的模型加工可以在几小时或几天内完成，大大节约了时间，效率成倍提高。

三、RPM 技术主要成形工艺

近十几年来，随着全球市场一体化的形成，制造业的竞争十分激烈。尤其是计算机技术的迅速普及和 CAD/CAM 技术的广泛应用，使得 RPM 技术得到了异乎寻常的高速发展，表现出很强的生命力和广阔的应用前景。快速成形技术发展至今，以其技术的高集成性、高柔性、高速性而得到了迅速发展。目前，快速成形的工艺方法已有几十种之多，其中主要工艺有：光固化成形法、分层实体制造法、选择性激光烧结法、熔融沉积制造法以及三维打印制造法。

1. 光固化成形法

光固化成形（Stereo Lithography Apparatus，SLA）工艺也称光造型、立体光刻及立体印刷，其工艺过程是以液态光敏树脂为材料充满液槽，由计算机控制激光束跟踪层状截面轨迹，并照射到液槽中的液体树脂，而使这一层树脂固化，之后升降台下降一层高度，已成形的层面上又布满一层树脂，然后再进行新一层的扫描，新固化的一层牢固地粘在前一层上，如此重复直到整个零件制造完毕，得到一个三维实体模型，如图 9.15 所示。该工艺的优点是原型件精度高，零件强度和硬度好，可制出形状特别复杂的空心零件，生产的模型柔性化好，可随意拆装，是间接制模的理想方法。缺点是需要支撑，树脂收缩会导致精度下降，另外光固化树脂有一定的毒性，不符合绿色制造发展趋势等。

2. 分层实体制造法

分层实体制造（Laminated Object Manufacturing，LOM）工艺又称为叠层实体制造，其工艺原理是根据零件分层几何信息切割箔材和纸等，将所获得的层片黏结成三维实体。其工艺过程是：首先铺上一层箔材，然后用激光在计算机控制下切出本层轮廓，非零件部分全部切碎以便于去除。当本层完成后，再铺上一层箔材，用滚子碾压并加热，以固化黏结剂，使新铺上的一层牢固地黏结在已成形体上，再切割该层的轮廓，如此反复直到加工完毕，最后去除切碎部分以得到完整的零件，如图 9.16 所示。该工艺的优点是工作可靠，模型支撑性好，成本低，效率高。缺点是前、后处理费时费力，且不能制造中空结构件。

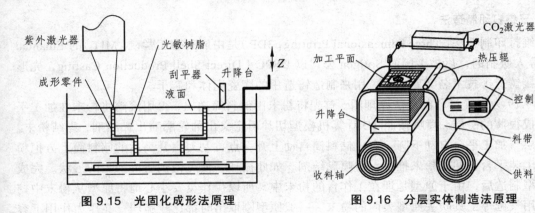

图 9.15　光固化成形法原理　　　　　图 9.16　分层实体制造法原理

3. 选择性激光烧结法

选择性激光烧结（Selective Laser Sintering，SLS）工艺，常采用金属、陶瓷、ABS 塑料等材料的粉末作为成形材料。其工艺过程是：先在工作台上铺一层粉末，在计算机控制下用激光束有选择地进行烧结（零件的空心部分不烧结，仍为粉末材料），被烧结部分便固化在一起构成零件的实心部分。一层完成后再进行下一层，新一层与其上一层被牢牢地烧结在一起。全部烧结完成后，去除多余的粉末，便得到烧结成的零件，如图 9.17 所示。该工艺的优点是材料适应面广，不仅能制造塑料零件，还能制造陶瓷、金属、蜡等材料的零件。造型精度高，原型强度高，所以可用样件进行功能试验或装配模拟。

4. 熔融沉积制造法

熔融沉积制造（Fused Deposition Manufacturing，FDM）工艺又称熔丝沉积制造，其工艺过程是以热塑性成形材料丝为材料，材料丝通过加热器的挤压头熔化成液体，由计算机控制挤压头沿零件的每一截面的轮廓准确运动，使熔化的热塑材料丝通过喷嘴挤出，覆盖于已建造的零件之上，并在极短的时间内迅速凝固，形成一层材料。之后，挤压头沿轴向向上运动一微小距离进行下一层材料的建造。这样逐层由底到顶地堆积成一个实体模型或零件，如图 9.18 所示。该工艺的优点是使用、维护简单，成本较低，速度快，一般复杂程度原型仅需要几个小时即可成形，且无污染。缺点是成形材料范围不广，且由于喷头孔径不可能很小，所以成形精度比较差。

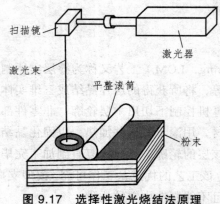

图 9.17　选择性激光烧结法原理

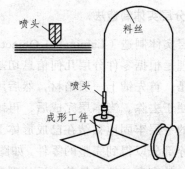

图 9.18　熔融沉积制造法原理

5. 三维打印制造法

三维打印制造法（Three Dimensional Printing，3DP）是由麻省理工学院（MIT）的 Emanual Sachs 等人研制的，后被美国的 Soligen 公司以 DSPC（Direct Shell Production Casting，壳形零件直接铸造）技术名义商品化，用来制造铸造用的陶瓷壳体和芯子。

图 9.19 为三维打印制造法原理图。首先将粉末由储料筒送出，再用滚筒将粉末在加工平台上铺成很薄的一层。喷嘴按照 3D 计算机模型切片后定义出的轮廓喷出黏结剂，黏结粉末。做完一层，加工平台自动下降一点，储料筒自动上升一点，刮刀由升高后的储料筒上方把粉末推至工装平台，并把粉末推平，再喷黏结剂。如此循环，便可得到所要加工的形状。完成工件原型制造后，由于原型是埋在工作台的粉末中，所以操作员要小心地将原型从粉末中挖出，并用气枪等工具吹去原型表面的粉末。一般原型刚取出时都比较脆弱，在压力作用下容

易破碎，所以在原型件表面涂一层蜡、乳胶或环氧树脂作为保护层。3DP 技术是一种简单的快速成形技术，可配合 PC 使用，操作简单，速度快，适合办公室环境使用。其缺点是工作表明粗糙度受到粉末颗粒大小的限制，原型件结构松散，强度低。

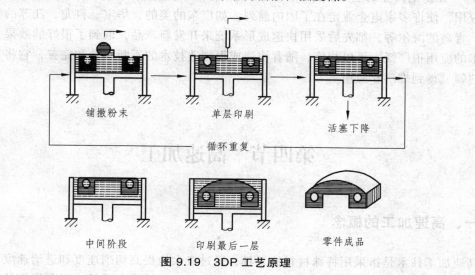

铺撒粉末　　　　单层印刷　　　　活塞下降

循环重复

中间阶段　　　　印刷最后一层　　　　零件成品

图 9.19　3DP 工艺原理

四、RP 技术的应用

RP 技术的实际应用主要集中在以下几个方面：

（1）在新产品造型设计过程中应用快速成形技术为工业产品的设计开发人员建立了一种崭新的产品开发模式。运用 RP 技术能够快速、直接、精确地将设计思想转化为具有一定功能的实物模型（样件），这不仅缩短了开发周期，而且降低了开发费用，也使企业在激烈的市场竞争中占有先机。

（2）在机械制造领域的应用。由于 RP 技术自身的特点，使得其在机械制造领域内获得广泛的应用，多用于单件、小批量金属零件的制造。有些特殊复杂制件，由于只需单件生产，或少于 50 件的小批量，一般均可用 RP 技术直接进行成形，成本低，周期短。

（3）快速模具制造。传统的模具生产时间长，成本高，将快速成形技术与传统的模具制造技术相结合，可以大大缩短模具制造的开发周期，提高生产率，是解决模具设计与制造薄弱环节的有效途径。快速成形技术在模具制造方面的应用可分为直接制模和间接制模两种，直接制模是指采用 RP 技术直接堆积制造出模具；间接制模是先制出快速成形零件，再由零件复制得到所需要的模具。

（4）在医学领域的应用。近几年来，人们对 RP 技术在医学领域的应用研究较多。以医学影像数据为基础，利用 RP 技术制作人体器官模型，对外科手术有极大的应用价值。

（5）在文化艺术领域的应用。在文化艺术领域，快速成形制造技术多用于艺术创作、文物复制、数字雕塑等。

（6）在航空航天技术领域的应用。在航空航天领域，空气动力学地面模拟实验（即风洞实验）是设计性能先进的天地往返系统（即航天飞机）所必不可少的重要环节。该实验中所用的模型形状复杂、精度要求高、又具有流线型特性，采用 RP 技术，根据 CAD 模型，由 RP 设备自动完成实体模型，能够很好地保证模型质量。

（7）在家电行业的应用。目前，快速成形系统在国内的家电行业上得到了很大程度的普及与应用，使许多家电企业走在了国内前列。如广东的美的、华宝、科龙，江苏的春兰、小天鹅，青岛的海尔等，都先后采用快速成形系统来开发新产品，取到了很好的效果。快速成形技术的应用很广泛，可以相信，随着快速成形制造技术的不断成熟和完善，它将会在越来越多的领域得到推广和应用。

第四节　高速加工

一、高速加工的概念

高速加工技术是指采用特殊材料的刀具，通过极大地提高切削速度和进给速度（一般在常规速度 10 倍左右）来提高被加工件的切除率，同时加工精度和质量也显著提高的新型加工技术。其切削机理也发生了根本的变化，显著标志是使被加工塑性金属材料在切除过程中的剪切滑移速度达到或超过某一值时，开始趋向最佳切除条件，使得切除被加工材料所消耗的能量、切削力、工件表面温度、刀具磨损程度、加工表面质量等明显优于传统切削速度下的指标。与传统切削加工相比，高速切削加工发生了本质性的飞跃，其单位功率的金属切除率提高了 30% ~ 40%，切削力降低了 30%，刀具的切削寿命提高了 70%，留于工件的切削热大幅度降低，低阶切削振动几乎消失。

高速加工是一个相对概念，不同的工件材料、加工方式有不同的切削速度范围。表 9.1 是德国 Darmstadtt 工业大学给出的 7 种主要材料的高速加工速度范围。

表 9.1　常见材料高速加工速度范围

加工材料	加工速度范围（m/min）
铝合金	2 000 ~ 7 500
铜合金	900 ~ 5 000
钢	600 ~ 3 000
铸铁	800 ~ 3 000
超耐热镍基合金	80 ~ 500
钛合金	150 ~ 1 000
纤维增强塑料	2 000 ~ 9 000

另外，高速加工速度范围也可以按工艺方法和主轴转速来划分。

根据工艺方法划分：车削加工为 700 ~ 7 000 m/min，铣削加工为 700 ~ 7 000 m/min，钻削加工为 700 ~ 7 000 m/min，磨削加工为 150 m/s 以上。

以主轴转速界定：高速加工的主轴转速应≥10 000 r/min。

二、高速切削关键技术

目前，要想实现高速加工技术的应用，必须解决以下关键技术：

1. 高速加工刀具

（1）刀具材料：高速加工时，产生的切削热和对刀具的磨损比普通速度加工要高得多，因此高速加工对刀具材料有更高的要求，主要包括高硬度、高强度和高耐磨性；韧性高，抗冲击能力强；高的热硬性和化学稳定性；抗热冲击能力强等。目前在高速加工中使用比较多的刀具材料主要有：① 涂层刀具：刀具基体主要有高速钢、硬质合金、金属陶瓷等，涂层材料有 TiN、TiCN、TiAlN、TiAlCN、Al_2O_3 等；② 金属陶瓷刀具：耐磨损、耐高温；③ 立方氮化硼刀具（CBN）：热稳定性好（1 400 °C），特别适合高速精加工硬度为 45 ~ 65 HRC 的淬火钢、冷硬铸铁、高温合金等，实现"以切代磨"；④ 聚晶金刚石刀具（PCD）：摩擦系数低，耐磨性极强，具有良好的导热性，主要用于加工有色金属、非金属材料，特别适合于难加工材料和粘连性强的有色金属的高速加工，但价格昂贵。

（2）高速加工刀具的刀柄结构：高速加工刀具刀柄应该使刀具与机床主轴连接有足够的刚性和很高的装夹精度；结构应该有利于快速换刀，并具有广泛的互换性和高的重复精度。目前高速加工机床上普遍采用的是日本的 BIG-PLUS 刀柄系统和德国的 HSK 刀柄系统。

2. 高速加工机床

（1）高速主轴系统：传统的齿轮变速箱和皮带传动已经不能适应高速加工的要求，广泛采用主轴电机与机床主轴合二为一的机构形式，即采用无壳电机，将其空心转子直接装在机床主轴上，带有冷却套的定子安装在主轴单元的壳体内，称为内装式电机主轴，简称"电主轴"。电主轴取消了电机到主轴之间的传动环节，传动误差小、惯性小、响应快、噪声与振动小。

（2）高速轴承：目前采用的高速轴承主要有陶瓷轴承和磁悬浮轴承。陶瓷轴承是利用陶瓷代替传统的钢制滚动体，刚度大、不导磁、不导电、耐高温，可以比一般的钢制轴承的转速提高 50%，温度降低 35% ~ 60%，寿命延长 3 ~ 6 倍。磁悬浮轴承是利用电磁力将转子悬浮于空间的一种高性能、智能化轴承，利用电磁力自反馈原理进行控制，主轴回转精度可达 0.2 μm。基本上没有磨损，理论寿命可以是无限长，但电气控制系统复杂、成本高。

（3）高速进给系统：高速加工机床的进给系统可以瞬时达到高速、瞬时停止。这就要求进给系统有高的进给速度、高的加速度以及高的定位精度。目前国内外普遍采用直线电机作为高速进给系统。

（4）高刚性的床身：采用整体铸造床身，改进床身机构等方法使高速机床床身具有很高的刚性和固有频率。

3. 高速切削机理与工艺的研究

目前关于铝合金高速切削机理的研究已经比较成熟，但是关于黑色金属及难加工材料的高速切削机理还处于探索阶段，许多理论都不完善。

三、高速加工的特点和应用

（1）加工效率高：高速加工的进给率较普通切削加工提高 5~10 倍，材料切除率提高 3~6 倍。

（2）切削力小：高速加工的切削力较常规切削加工降低，径向力降低的更为明显。这样，加工过程中，对加工件的冲击力更小，不易引起工件受力变形。因此，特别适用于薄壁零件和细长工件的加工。

（3）切削热小：在高速加工中，超过 95% 以上的切削热被切屑带走，因此，工件积热少，温升低，特别适用于熔点低、易氧化、易热变形的加工件。

（4）加工精度高：高速加工中，刀具的偏振频率远离工艺系统的固有频率，不易产生振动；切削力小，热变形小，残余应力小，易于保证加工精度和表面质量。

（5）工序集约化：高速加工可获得更高的加工精度和更低的表面粗糙度，并在一定条件下可对常规难加工的硬表面进行加工，从而使工序集约化，这点对于模具的加工具有特殊意义。

高速加工在航空航天业、模具制造业、汽车工业；难加工材料（如镍基高温合金和 Ti 合金）、纤维增强复合材料；精密零件、薄壁易变形零件的加工中都得到应用。

第五节　柔性制造系统

随着科学技术的发展，人类社会对产品的功能与质量的要求越来越高，产品更新换代的周期越来越短，产品的复杂程度也随之增高，传统的大批量生产方式受到了挑战。这种挑战不仅对中小企业形成了威胁，也困扰着国有大中型企业。因为在大批量生产方式中，柔性和生产率是相互矛盾的。众所周知，只有品种单一、批量大、设备专用、工艺稳定、效率高，才能构成规模经济效益；反之，多品种、小批量生产，设备的专用性低，在加工形式相似的情况下，频繁地调整工、夹具，工艺稳定难度增大，生产效率势必受到影响。为了同时提高制造工业的柔性和生产效率，使之在保证产品质量的前提下，缩短产品生产周期，降低产品成本，最终使中小批量生产能与大批量生产抗衡，柔性自动化系统便应运而生。

一、柔性制造系统的概念

柔性制造系统是由统一的信息控制系统、物料储运系统和一组数字控制加工设备组成，能适应加工对象变换的自动化机械制造系统，英文缩写为 FMS（Flexible Manufacturing System）。FMS 的工艺基础是成组技术，它按照成组的加工对象确定工艺过程，选择相适应的数控加工设备和工件、工具等物料的储运系统，并由计算机进行控制。故能自动调整并实现一定范围内多种工件的成批高效生产，并能及时地改变产品以满足市场需求。FMS兼有加工制造和部分生产管理两种功能，因此能综合提高生产效益。FMS的工艺范围正在不断扩大，包括毛坯制造、机械加工、装配和质量检验等。

柔性制造系统是一种技术复杂、高度自动化的系统，它将微电子学、计算机和系统工程等技术有机地结合起来，圆满地解决了机械制造高自动化与高柔性化之间的矛盾。它具有设备利用率高、生产能力相对稳定、产品质量高、运行灵活和产品应变能力大的优点。

二、柔性制造系统的基本组成部分

（1）自动加工系统：以成组技术为基础，把外形尺寸（形状不必完全一致）、重量大致相似、材料相同、工艺相似的零件集中在一台或数台数控机床或专用机床等设备上加工的系统。

（2）物流系统：由多种运输装置构成，如传送带、轨道、转盘以及机械手等，完成工件、刀具等的供给与传送的系统，它是柔性制造系统主要的组成部分。

（3）信息系统：对加工和运输过程中所需各种信息收集、处理、反馈，并通过电子计算机或其他控制装置如液压、气压装置等，对机床或运输设备实行分级控制的系统。

（4）软件系统：保证柔性制造系统用电子计算机进行有效管理的必不可少的组成部分，它包括设计、规划、生产控制和系统监督等软件。柔性制造系统适合于年产量1 000～100 000件的中小批量生产。

三、柔性制造系统的类型

（1）柔性制造单元。

柔性制造单元是由一台或数台数控机床或加工中心构成的加工单元。该单元根据需要可以自动更换刀具和夹具，加工不同的工件。柔性制造单元适合加工形状复杂、工序简单、工时较长、批量小的零件，它有较大的设备柔性，但人员和加工柔性低。

（2）柔性制造系统。

柔性制造系统是以数控机床或加工中心为基础，配以物料传送装置组成的生产系统。该系统由电子计算机实现自动控制，能在不停机的情况下满足多品种的加工。柔性制造系统适合加工形状复杂、加工工序多、批量大的零件，其加工和物料传送柔性大，但人员柔性仍然较低。

（3）柔性自动生产线。

柔性自动生产线是把多台可以调整的机床（多为专用机床）联结起来，配以自动运送装置组成的生产线。该生产线可以加工批量较大的不同规格零件。柔性程度低的柔性自动生产线，在性能上接近大批量生产用的自动生产线；柔性程度高的柔性自动生产线，则接近于小批量、多品种生产用的柔性制造系统。

第六节　虚拟制造

一、虚拟制造的概念

虚拟制造主要利用信息技术、仿真技术、计算机技术等对现实制造活动中的人、物、信息及制造过程进行全面的仿真，以发现制造中可能出现的问题，在产品实际生产前就有针对性地采取预防措施，使得产品的制造一次就获得成功，达到降低成本、缩短产品开发周期、增强企业竞争力的目的。在虚拟制造中，产品从初始外形设计、生产过程的建模、仿真加工、模型装配到检验的整个生产周期都是在计算机上进行仿真和模拟的，不需要实际生产出产品来检验设计的合理性，可以减少前期设计给后期制造带来的麻烦，以及避免模具报废的情况。

在虚拟制造中，产品的开发是基于数字化的虚拟产品开发形式，它概括了真实的对象及其活动的各个方面，其中建立数字化的工艺过程、加工过程是虚拟制造的核心工作。虚拟制造不是实际的制造，却可以真实呈现实际制造过程的本质过程。通过计算机虚拟模型来模拟和预估产品的功能、性能以及可加工性等各方面可能存在的问题，提高人们的预测和决策水平。

二、虚拟制造的特点

（1）产品与制造环境是虚拟模型。在计算机上对虚拟模型进行设计、制造、测试，甚至设计人员和用户可以"进入"虚拟的制造环境检验他的设计、制造、装配和操作，而不用依赖于传统的原型样机的反复修改；还可以将已开发的产品存放在计算机里，不但节约了仓储费用，而且可以根据用户的要求或市场需求的变化快速改变设计，快速投入生产，从而缩短产品开发周期，降低成本。对想象中的制造活动进行仿真，而不消耗现实的资源和能量。

（2）可使分布在不同地点、不同部门、不同专业的人员在一个产品模型上同时工作，信息交流，减少大量的文档生成时间与传递误差。

欧洲空中客车公司采用虚拟技术及仿真技术，把空中客车试制周期从 4 年缩短为 2.5 年，提前投放市场，显著降低了研制费用及生产成本。日本 Matsushita 公司开发的虚拟厨房设备制造系统，允许消费者在购买商品前，在虚拟的厨房环境中体验不同设备的功能，按自己的喜好评价，选择和重组这些设备，他们的选择将被存储并通过网络送至生产部门进行生产。

三、虚拟切削加工系统的关键技术

（1）虚拟加工环境建模：对面向对象的虚拟加工环境中的对象如机床设备、刀具、工件等进行建模，并对这些对象加以管理和调度使用。

（2）虚拟加工过程建模：包括加工过程中的运动学建模、动力学建模及几何建模。建立该模型关键是建立描述加工过程的集成仿真模型，包括机床-V件（虚拟工件）系统的加工过程几何模型、物理仿真模型及加工误差分析模型。

（3）虚拟产品建模：虚拟制造的最终输出为数字产品，因此建立描述产品的模型十分关键。虚拟产品模型包括具有特征制造造型和特征功能描述、制造产品的误差描述及产品表面特征描述。

习　题

1. 什么是特种加工？它与传统切削加工有何本质的区别？
2. 电火花加工原理大致可分为哪几个阶段？
3. 简述电火花加工的特点。
4. 简述电解加工的特点与应用。
5. 简述电解磨削的特点和应用。
6. 简述超声波和激光加工的基本原理、加工特点和应用。
7. 在低碳钢、钛合金、硬质合金、硅、玻璃等材料上各加工一个 $\phi 0.2$ mm、深 15 mm 的通孔，试分别选择合适的加工方法。
8. 试述电子束与离子束加工的基本原理、特点与应用。
9. 何为成组技术？成组技术有何特点？
10. 何为柔性制造技术？有何特点？有何基本类型？
11. 何为快速成形技术？
12. 何为虚拟制造？虚拟制造有何特点？
13. 何为高速加工技术？其特点和应用如何？

参考文献

[1] 司乃钧. 机械加工工艺基础[M]. 北京：高等教育出版社，2008.
[2] 丁德全. 金属工艺学[M]. 北京：机械工业出版社，2000.
[3] 乔世民. 机械制造基础[M]. 北京：高等教育出版社，2003.
[4] 焦小明，孙庆群. 机械加工技术[M]. 北京：机械工业出版社，2005.
[5] 张普礼，杨琳. 机械加工设备[M]. 北京：机械工业出版社，2005.
[6] 杨慧智. 机械制造基础实习[M]. 北京：高等教育出版社，2002.
[7] 王雅然. 金属工艺学[M]. 北京：机械工业出版社，1998.
[8] 吴玉华. 金属切削加工技术[M]. 北京：机械工业出版社，1998.
[9] 曹聿，严绍华. 金属工艺学[M]. 北京：中央广播电视大学出版社，1986.
[10] 裘维涵. 机械制造基础[M]. 北京：机械工业出版社，1992.
[11] 程耀东. 机械制造学[M]. 北京：中央广播电视大学出版社，1994.
[12] 张至丰. 金属工艺学[M]. 北京：机械工业出版社，1999.
[13] 盛善权. 机械制造基础[M]. 北京：高等教育出版社，1993.
[14] 许音，马仙，杨晶. 机械制造基础[M]. 北京：机械工业出版社，2000.
[15] 周大恂，张纪世. 机械制造概论[M]. 北京：高等教育出版社，1998.
[16] 李华. 机械制造技术[M]. 北京：高等教育出版社，2000.
[17] 丁树模. 机械工程学[M]. 北京：机械工业出版社，2003.